普通高等教育"十二五"规划教材

机械工程制图习题集

郭建斌　徐立群　主编

中国水利水电出版社
www.waterpub.com.cn

内 容 提 要

本习题集是根据国家教育部印发的“高等学校画法几何及机械制图课程教学基本要求”，参考最新国家标准编写的一本《机械工程制图习题集》。

本习题集内容包括写工程字，点、线、面投影理论，制图基础，视图画法，零件图、装配图，计算机绘图等几个方面的练习内容。在保证基本教学内容的基础上，本习题集根据水利、制药、工业等近机类应用专业的教学配套需要，选编了一些有利于培养学生创新思维的题目，注重读者读图、制图方面能力的培养，突出组合体构形，零件图、装配图的阅读和绘制。为了便于读者快速入门，本习题集在AutoCAD制图等方面对计算机绘图内容和构造形体表达的习题进行了精选。

本习题集可以作为高等学校水利、制药等近机类专业机械制图课程的配套教材，也可供其他相关专业的教师和工程技术人员参考使用。

图书在版编目（CIP）数据

机械工程制图习题集 / 郭建斌，徐立群主编. -- 北京 : 中国水利水电出版社，2011.8
普通高等教育“十二五”规划教材
ISBN 978-7-5084-8942-1

Ⅰ. ①机… Ⅱ. ①郭… ②徐… Ⅲ. ①机械制图－高等学校－习题集 Ⅳ. ①TH126-44

中国版本图书馆CIP数据核字(2011)第182463号

书 名	普通高等教育“十二五”规划教材 **机械工程制图习题集**
作 者	郭建斌 徐立群 主编
出版发行	中国水利水电出版社 （北京市海淀区玉渊潭南路1号D座 100038） 网址：www.waterpub.com.cn E-mail：sales@waterpub.com.cn 电话：(010) 68367658（发行部）
经 售	北京科水图书销售中心（零售） 电话：(010) 88383994、63202643 全国各地新华书店和相关出版物销售网点
排 版	中国水利水电出版社微机排版中心
印 刷	北京市兴怀印刷厂
规 格	368mm×260mm 横8开 12.75印张 155千字
版 次	2011年8月第1版 2011年8月第1次印刷
印 数	0001—3000册
定 价	**25.00元**

凡购买我社图书，如有缺页、倒页、脱页的，本社发行部负责调换

编写人员名单

主　编　　郭建斌　徐立群

副主编　　戴小斌　卜现港　林红艳　黄晓萍

参编人员　范世祥　秦战生　张淑敏　卢　彬　侯　俊

张晓红　夏海南　夏仕锋

前　　言

本习题集是河海大学联合南京中医药大学、南京工业大学、南京机电职业技术学院等高等院校，在2008年出版的《机械制图习题集》基础上重新组织修编的。本习题集综合了水利、医药、工业等近机类、机械类专业《机械工程制图》教学的需要，结合现代工程图学的教学目标，打通相关专业基础教学平台，实现通用知识与专业特色相结合的教育教学目标。

本习题集是根据教育部印发的“高等学校画法几何及机械制图课程教学基本要求”，参考最新国家标准及相关院校的同类教材、教学大纲、教学计划，在吸取实践教学经验的基础上编撰而成的一本近机类机械制图习题集。本习题集按“宽基础、精内容、重温习”的要求，安排相关的习题内容和体系，充分体现开发智力、培养能力、调动学习积极性等教学宗旨，以期实现培养和提高中高级科技人才素质的教学建设目标。

本习题集除保留了以往习题集的优点和特色外，有以下新的特点：

(1) 根据课程知识点的内在联系组织习题内容，按照循序渐进、由浅入深的原则，突出重点。

(2) 在组合体、零件图、装配图部分增加了构形表达练习，以进一步发展学生的空间构思、想象和表达能力。

(3) 增加了一题多解的练习，以发展学生的创新思维能力。

(4) 考虑到内容与其他同类教材的兼容性、连贯性，选编内容注意吸纳和参考同类教材、教案的经典题例，并在此基础上有所改良和创新。

(5) 增加了作业指导书，有利于提高学生的独立工作能力。

(6) 增加了计算机绘图的习题和透视图练习。

(7) 增加了对最新国家标准的表达与练习，便于学生了解和掌握相关标准。

此外，为适应各校制图课程学时的调整，本习题集适当减少了必做的习题，将一部分题改为选择题，并减少了用尺规作图的数量。此外，本习题集的内容编排与配套教材一致，并考虑到机械类、水利类各个专业的不同类型，选题较全面，其中点线面、基本体及其表面交线、组合体、机件表达方式、零件图和装配图的题型较丰富，在保证课堂教学基本要求的前提下，习题留有一定的余地，供师生根据学时的多少来选用。习题中题号前有“*”为较难的题目，可供教学时选择使用。

本习题集在编写时，注意到《机械工程制图》教学改革创新的要求，广泛听取了各方的意见和建议，努力在书中体现应用型本科教学的特色；加强组合体的构形设计，加强学生对于零件图和装配图的读图、绘图能力，重点培养学生的创新思维能力。

本习题集兼顾了高等院校非机类和近机类工科专业“机械制图”课程的教学需要，可供各类学校和自学青年学习机械制图时选用和参考。

本习题集委托河海大学水电学院陈寿富教授审阅。审阅人提出了许多宝贵的修改意见和建议，在此致以诚挚的感谢。同时，在编撰过程中，河海大学教务处、河海大学能源与电气学院等单位领导给予了高度重视和大力的支持，在此一并表示感谢。

由于编者水平有限，书中不可避免地存在一些疏漏，欢迎广大读者批评指正。全体编写人员真诚地向关心和爱护本书的读者表示感谢。

编者

2011年6月于南京

目　　录

1.1 字体	班级		姓名		学号	

(1) 汉字练习。

写机械图样必须做到字体端正笔划清

楚排列整齐间隔均匀汉字用长仿宋体

写长仿宋体的要领横平竖直注意起落结构匀称填满方格

(2) 数字和字母练习。

1234567890ABCDEFGH

IJKLMNOPQRSTUVWXYZ

abcdefghijklmnopqrstuvwxyz

1234567890ØRM1234567890ØRMØRM

1.2 线型

班级　　　　姓名　　　　学号

(1) 在指定位置按国标规定的线型和尺寸要求，分别画出下列六组图形的平行线。

(2) 以交点为圆心，过线上给出的四点，由小到大依次画出粗实线、细实线、点划线、虚线的圆。

1.3 尺寸	班级		姓名		学号	

(1) 将下列图形进行尺寸标注（尺寸数值由图中按 1∶1 量取整数）。

a.

b.

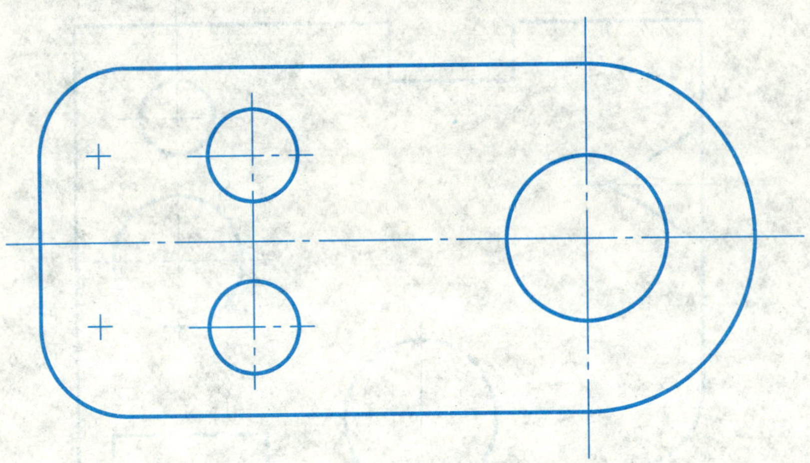

c.

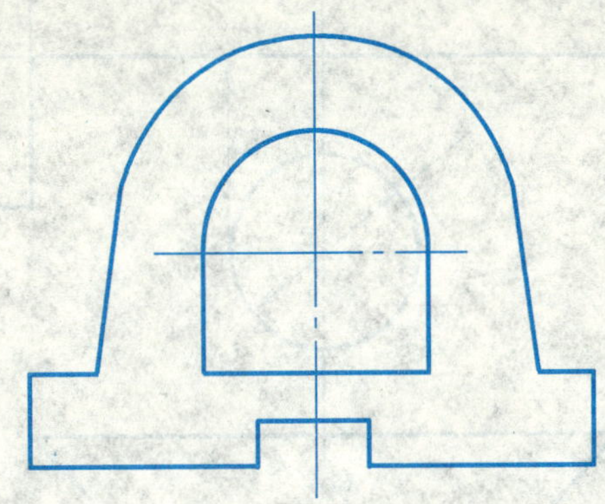

d. 试分析图中所示尺寸，并进行标注。

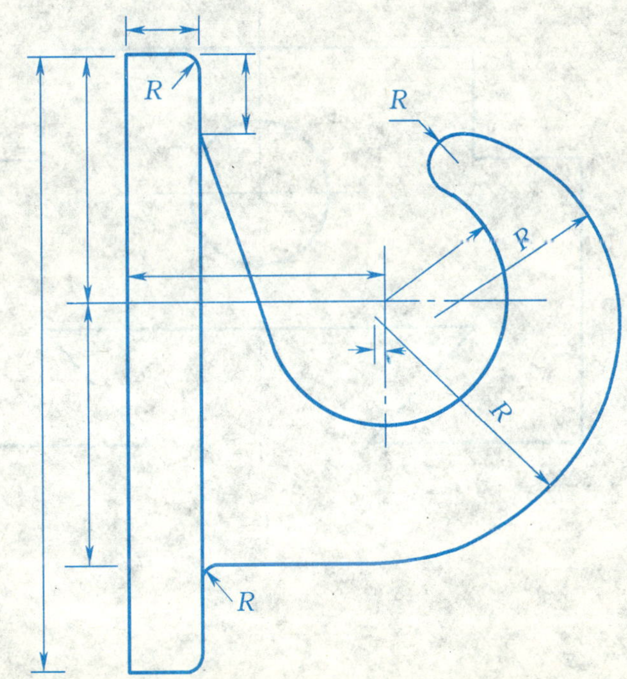

1.3　尺寸

班级		姓名		学号	

(2) 分析尺寸标注的错误（打×），在下图中进行正确的尺寸标注。

a.

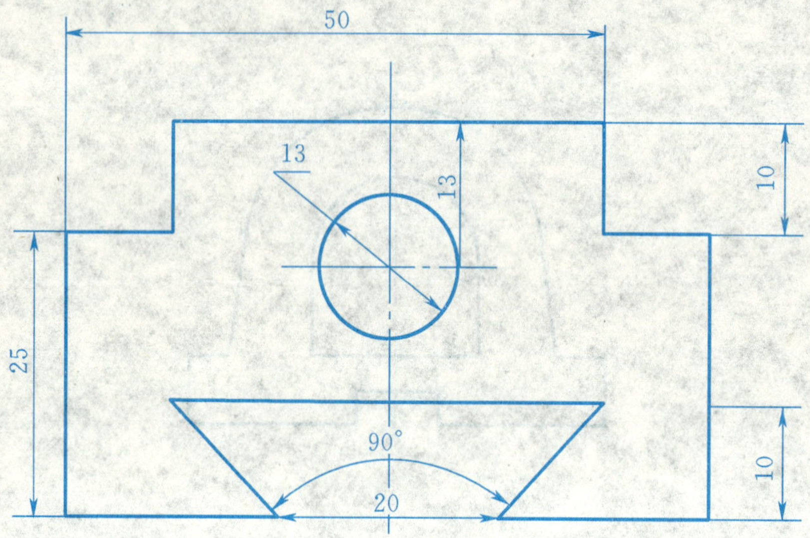

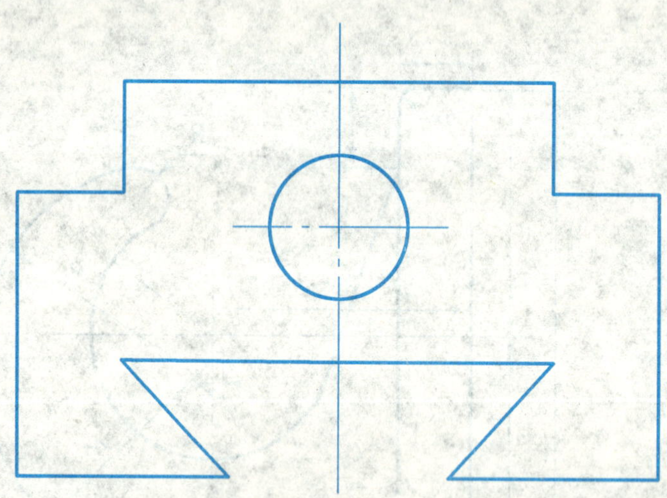

b.

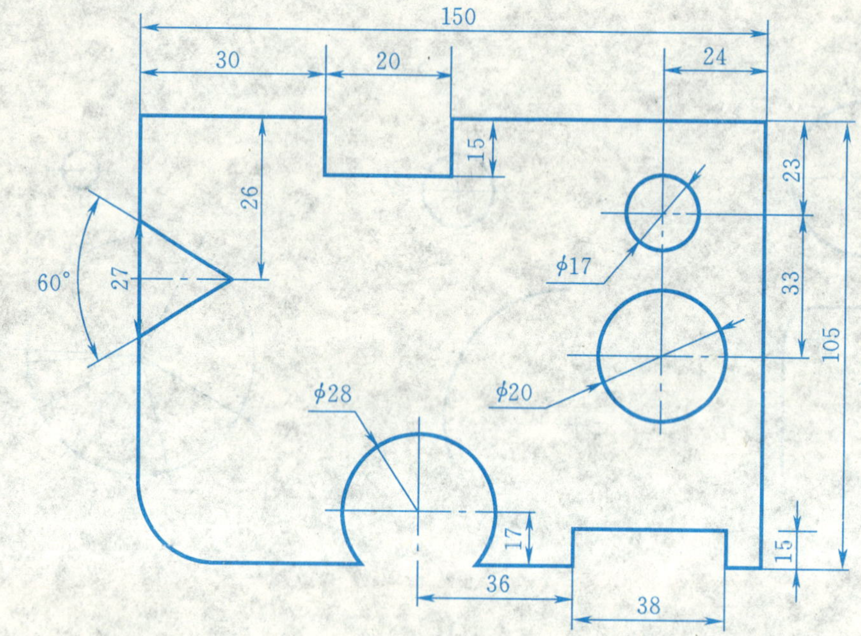

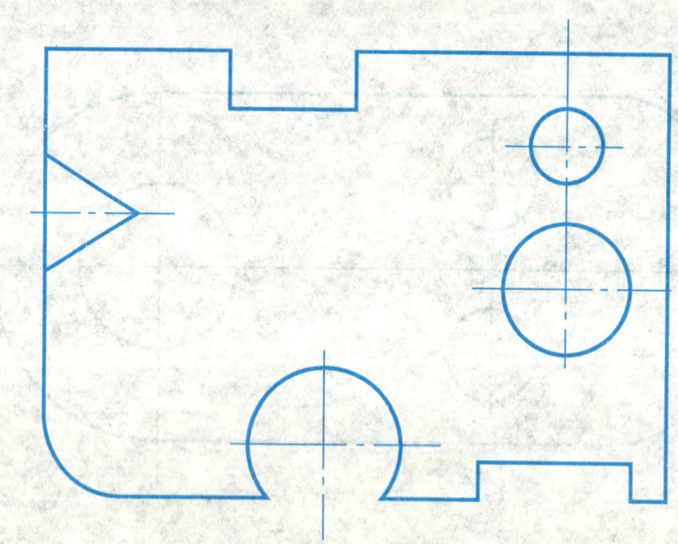

1.4　绘图作业：平面图形绘制

班级		姓名		学号	

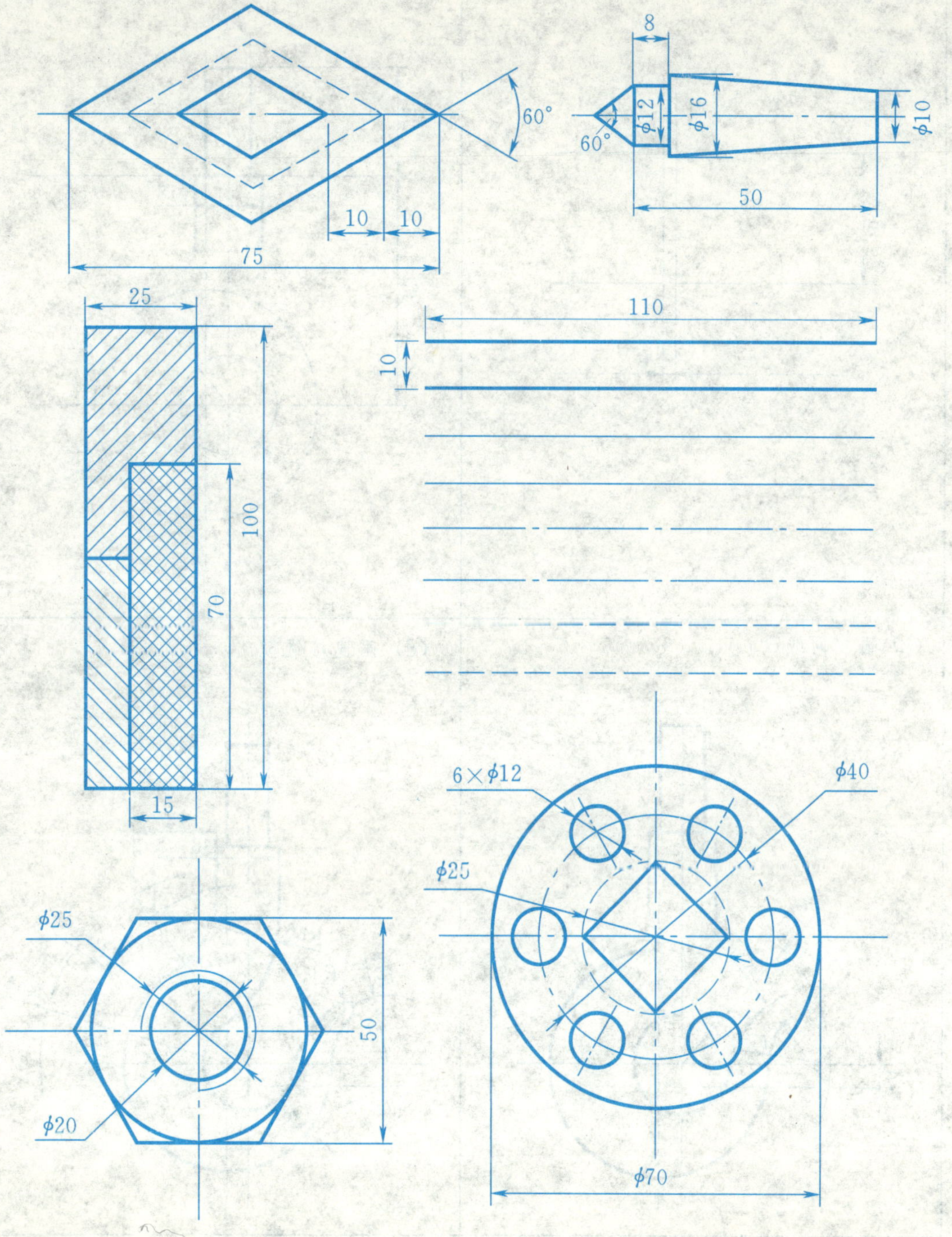

平面图形绘制作业指导书

一、作业目的

1. 学习并初步掌握绘图工具的正确使用方法和绘图步骤。
2. 学习国标对图幅、图框和线型、字体的基本规定。
3. 学习几种主要线型的直线和圆的画法。

二、作业内容和要求

1. 内容。按所示尺寸，用1∶1比例在A4图纸上抄画左图。只抄图形，不抄尺寸。

2. 要求。作图准确，图幅、图框、标题栏、线型符合规格，保证图线质量，图面整洁。

三、对完成作业的指示

1. 固定图纸。将A4图纸放在图板左下方（注意图纸下边与图板边缘间应留出1～2个丁字尺尺身宽度），用丁字尺找正，用透明胶纸固定。

2. 画边框和标题栏的底稿，注意符合教材有关规定。

3. 按图纸尺寸用H或2H铅笔画底稿。底稿线要准（作图准确）、轻（线要清淡）、细（线要细）。丁字尺只能用来画水平线，竖直线必须用三角板与丁字尺配合绘制。注意下边两个图形位置布置适当。虚线、点划线底稿可用细、淡连续底稿线画出。

4. 描深。检查无误后方可描深，步骤如下：

（1）用H铅笔和铅芯描深细实线、点划线和虚线。线型符合规定要求，线要细而黑。

（2）用2B铅芯描深粗圆，用HB或B铅笔描深直线。铅芯都要磨成矩形截面。描深时先小后大地描深圆，再从上到下地描深水平线，从左向右地描深竖直线，最后描斜线。描深后应做到线型分明、浓淡一致、相切光顺、图面整洁。

5. 填写文字。“作业名称”栏用10号字填写“线型”，其余字体用5号字书写。图号为“01”。

6. 修饰。用擦图片将不洁净处擦干净，将搭接不齐的接头修齐。

7. 裁边。将图纸裁成A4标准规格尺寸。

1.5 平面绘图几何知识

班级		姓名		学号	

1. 要求

(1) 熟悉圆弧连接的作图方法及步骤。

(2) 熟练地使用绘图工具，掌握平面图形的画法及步骤。

(3) 所绘制图要做到作图准确，连接光滑，图线分明，字体工整，符合国标规定。

2. 作图方法及步骤（以吊钩为例）

(1) 作图分析。画图前首先要进行尺寸和线段分析。

1) 尺寸分析。在吊钩中，除尺寸6mm、9mm和60mm为定位尺寸外，其余均为定形尺寸。

2) 线段分析。在吊钩中：

① 已知线段——ϕ18mm、ϕ27mm、R30mm等；

② 中间线段——R16mm和R27mm；

③ 连接线段——R3mm、R36mm和R24mm。

(2) 作图步骤。

1) 合理布局画图形的基准线，如图(a)所示。

2) 根据尺寸和线段分析，画出吊钩的底稿。

① 先画已知线段，如图(b)所示；

② 再画中间线段，如图(c)所示；

③ 最后画出连接线段，如图(d)所示。

3) 校对底稿，并按步骤进行描深。

4) 按国标规定正确标注尺寸。

注意：先找圆心和切点后画弧。

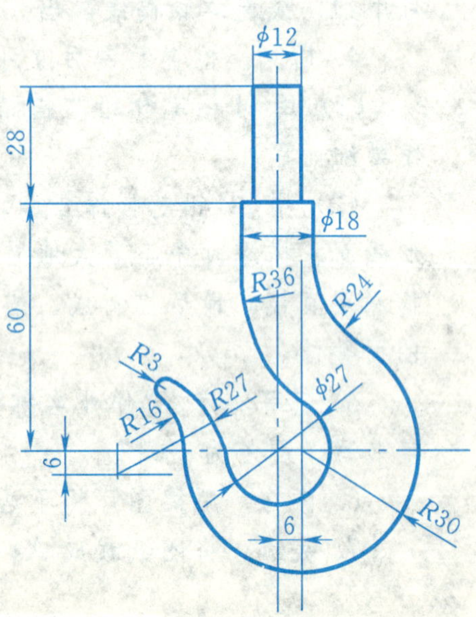

(3) 吊钩底稿作图步骤。

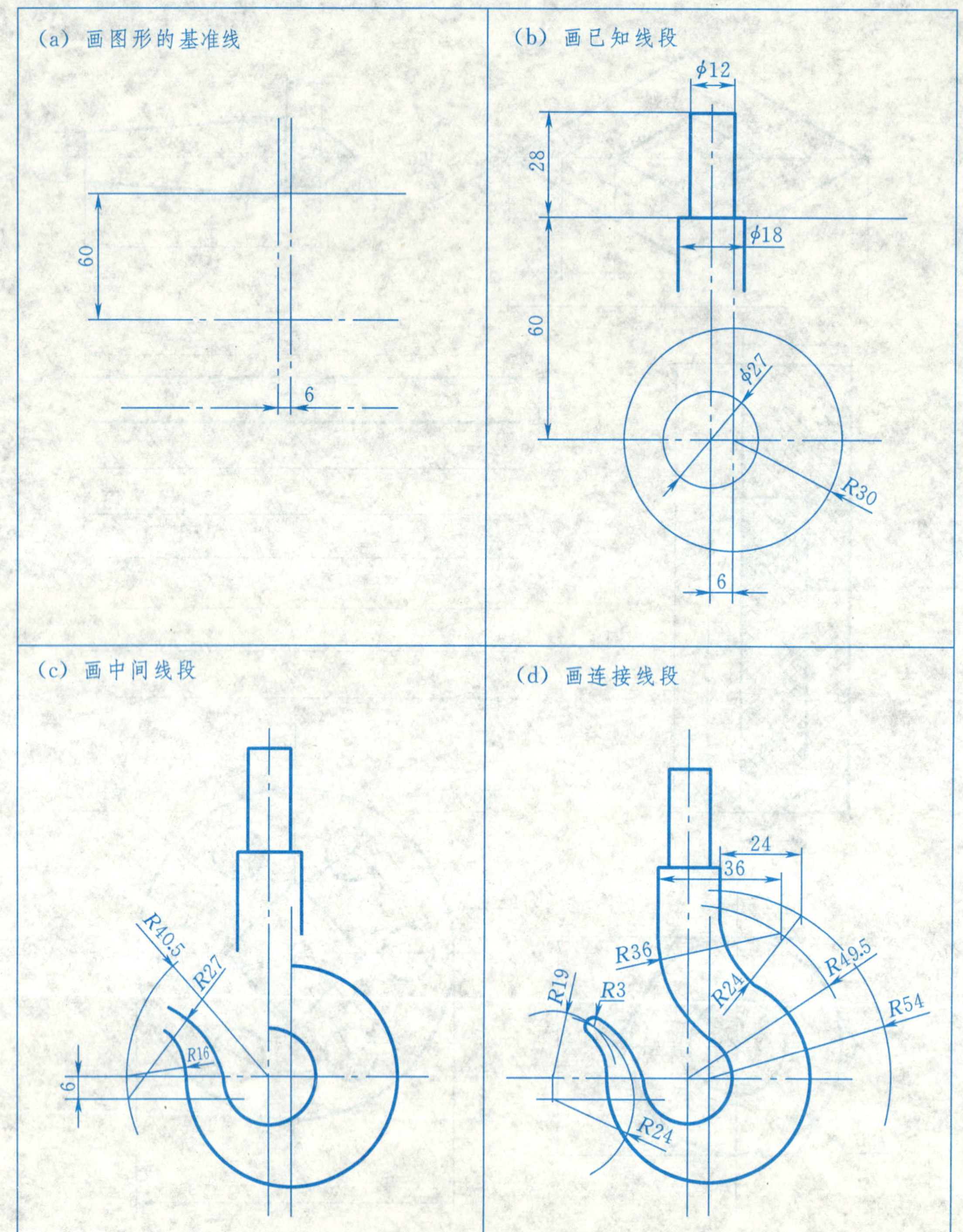

1.6 绘图作业：视图绘制并标注尺寸

班级		姓名		学号	

(1)

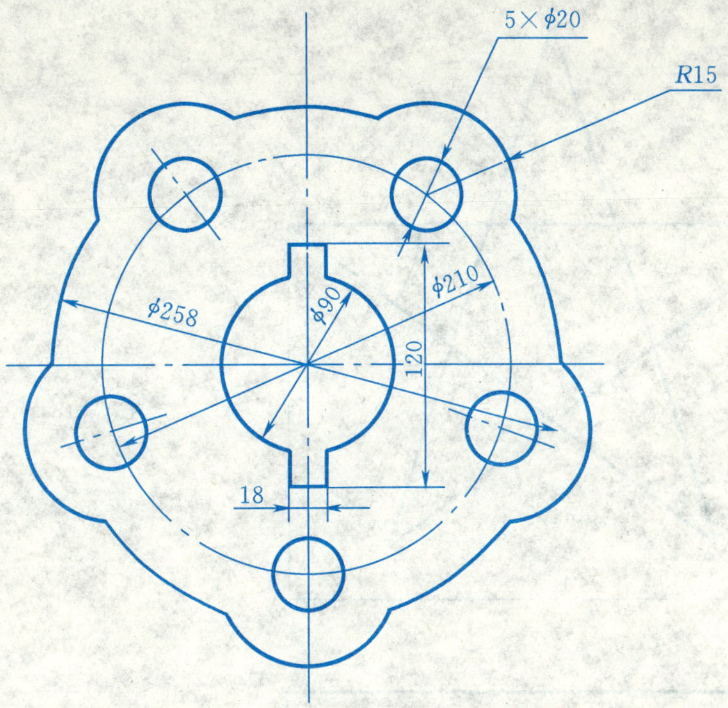

(2)

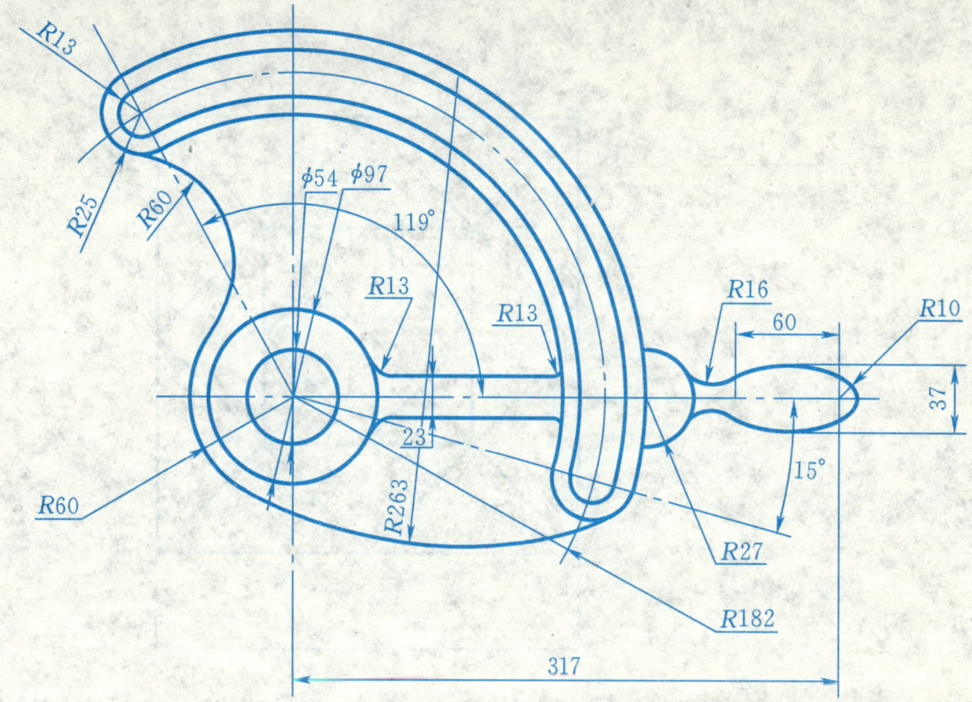

1.7 计算机基础绘图

1.7 计算机基础绘图	班级		姓名		学号	

(1) 基本绘图练习。

a.

b.

c.

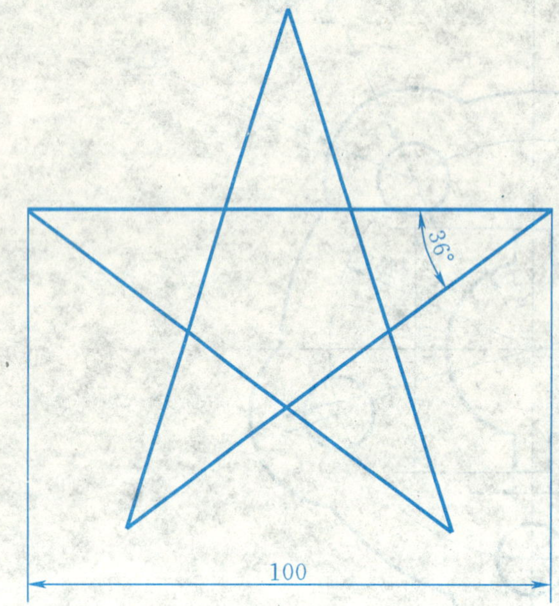

d.

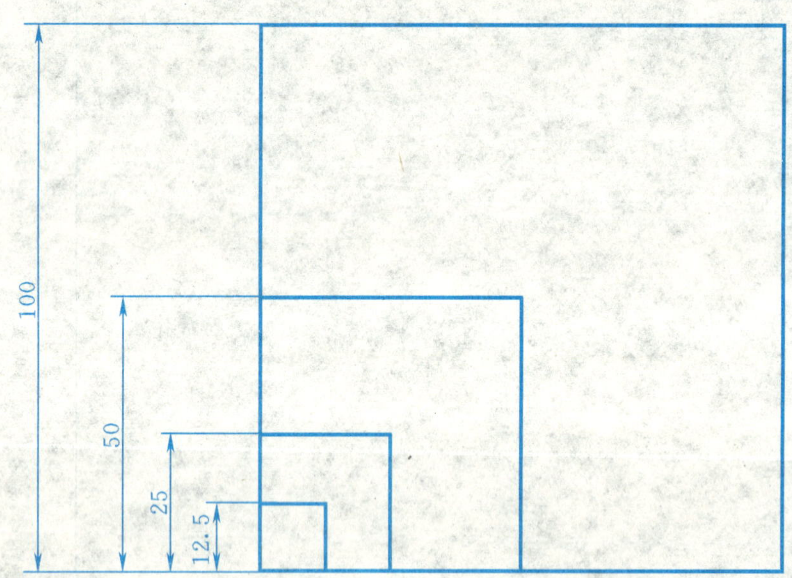

1.7　计算机基础绘图	班级		姓名		学号	

(2)常用编辑命令练习。

a.

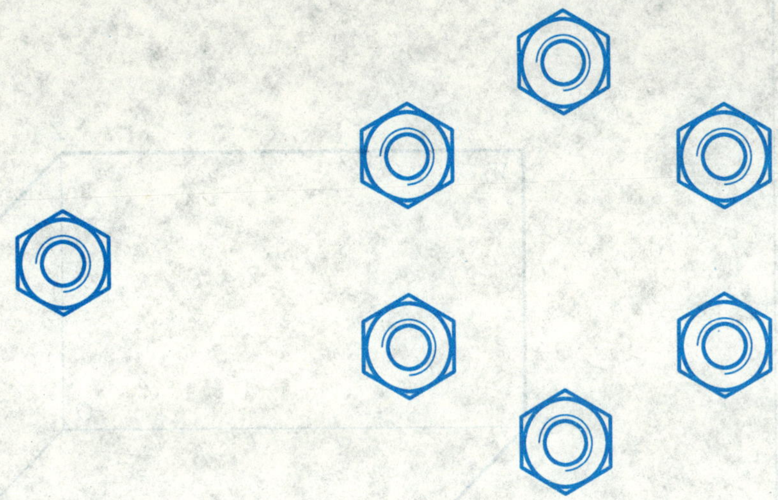

c.

b.

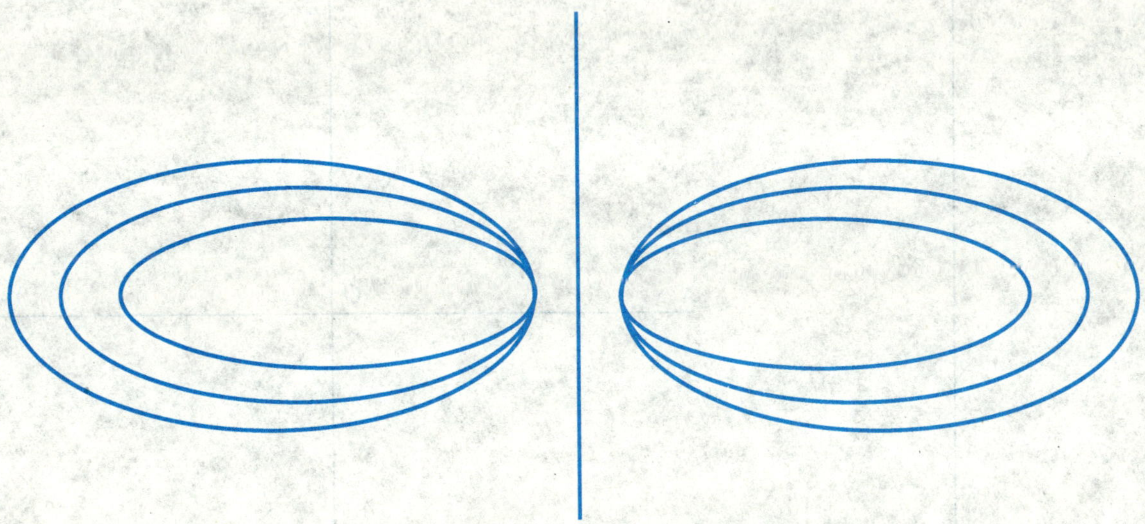

d.

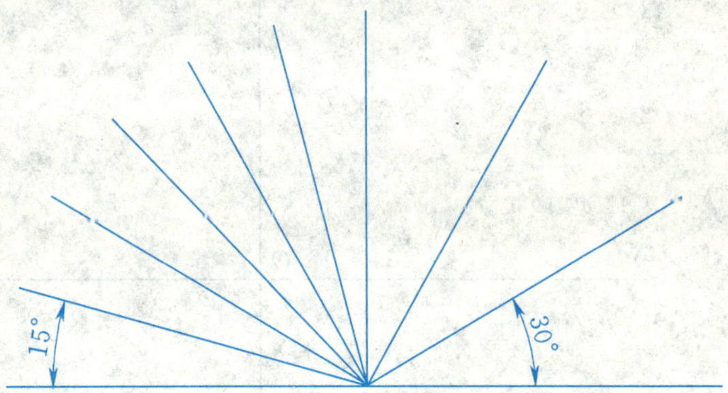

第2章 投 影 基 础

2.1 点的投影	班级		姓名		学号	

(1) 根据立体图画点的投影图(按图量尺寸)。

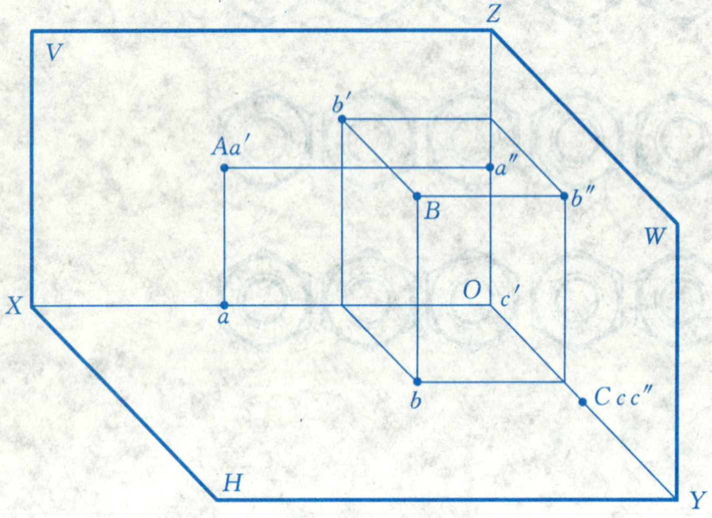

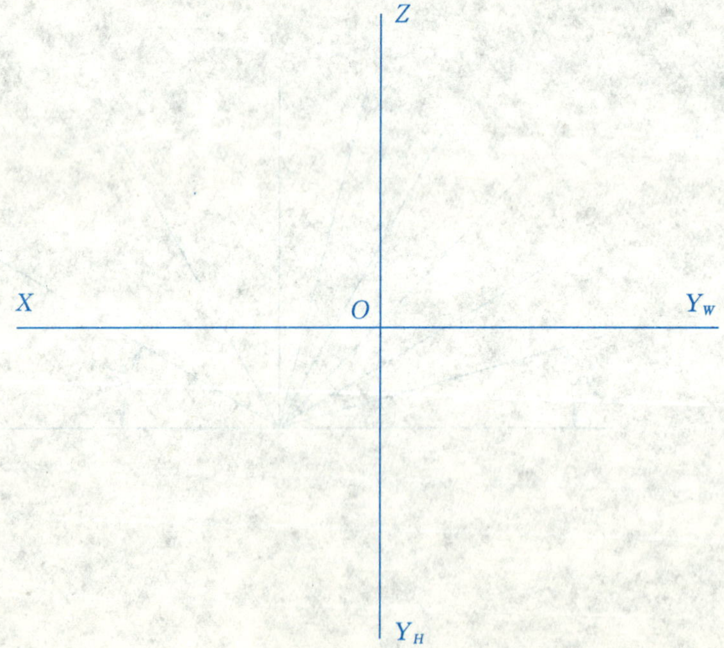

(2) 已知点 A(10, 15, 20)、点 B(20, 0, 25)、点 C(0, 18, 15),完成各点的投影图和立体图。

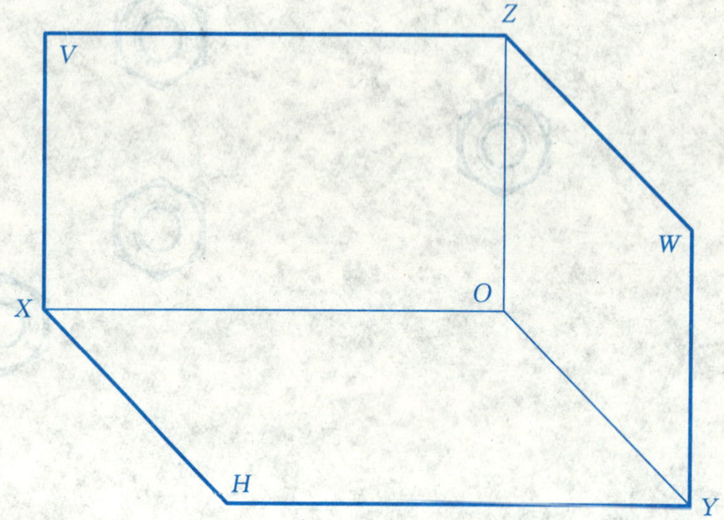

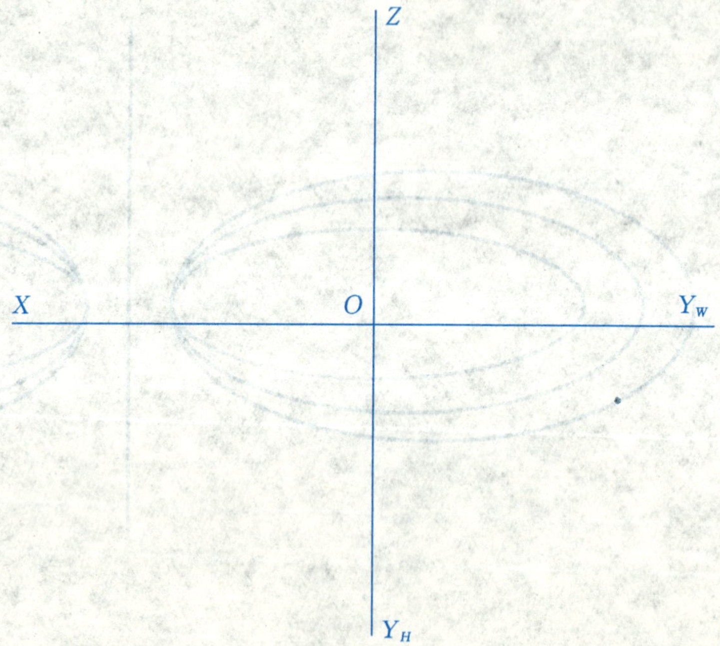

2.1 点的投影

班级		姓名		学号	

(3) 根据点的两面投影，求点的第三投影。

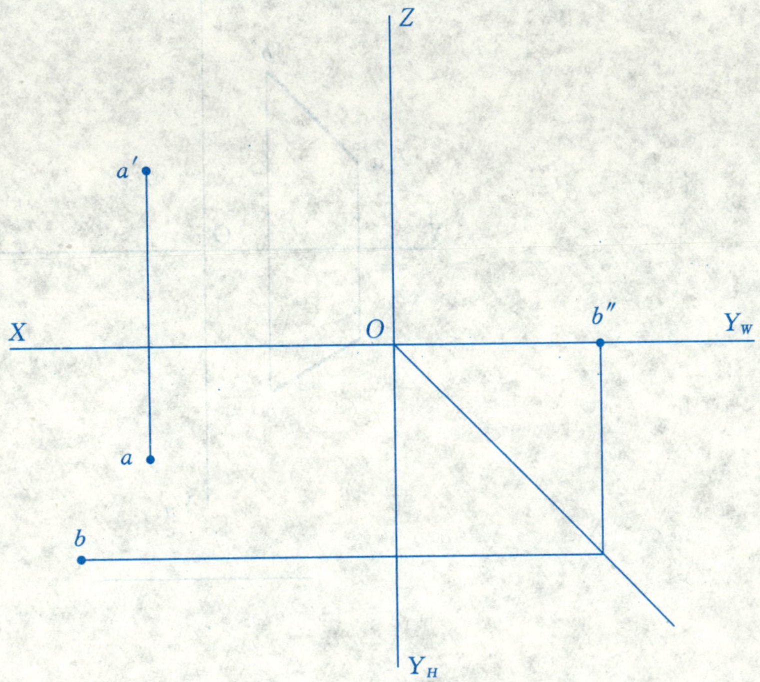

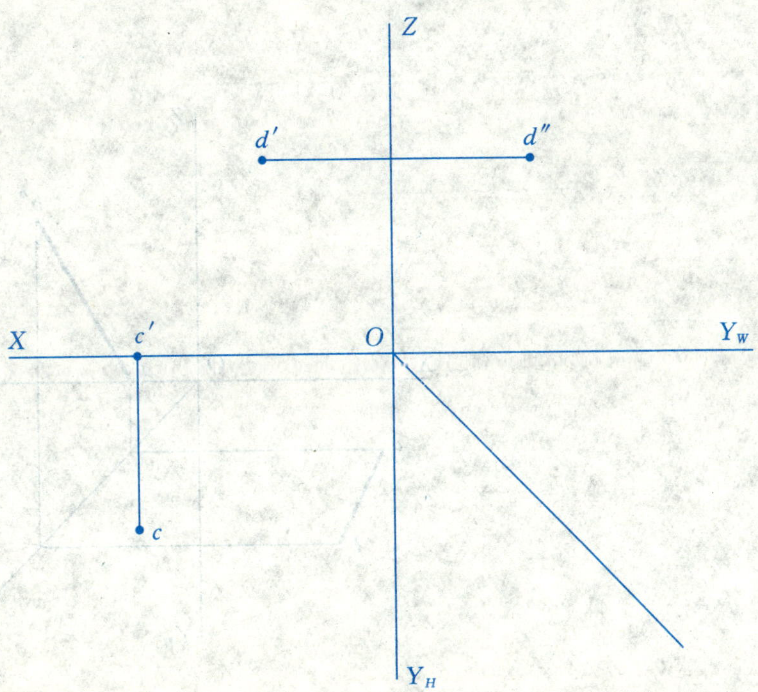

(4) 根据点的两面投影作第三投影，并比较各点的相对位置。

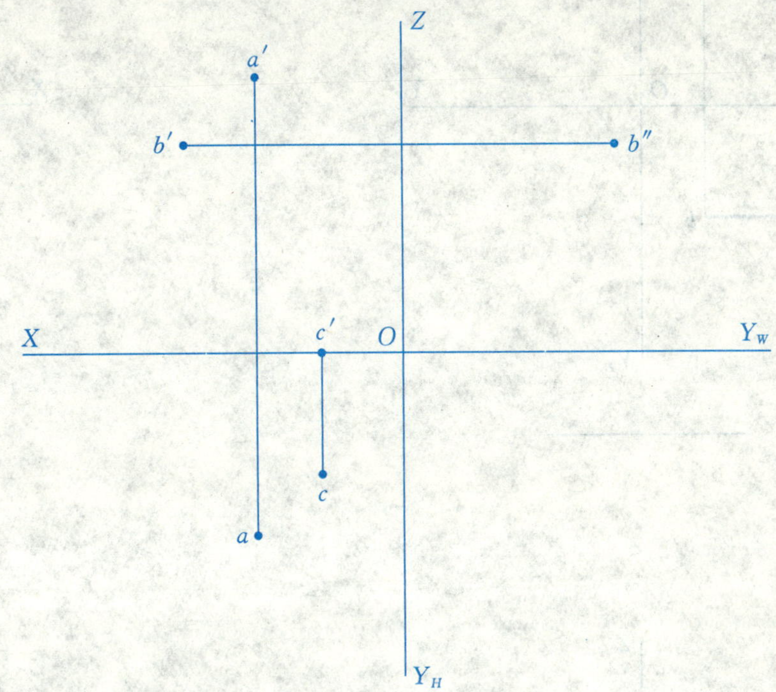

	B	C
在 A 点的（上、下）		
在 A 点的（左、右）		
在 A 点的（前、后）		

2.2 直线的投影

班级		姓名		学号	

(1) 已知直线的两面投影，请完成直线的第三投影并写出直线是什么位置的直线。

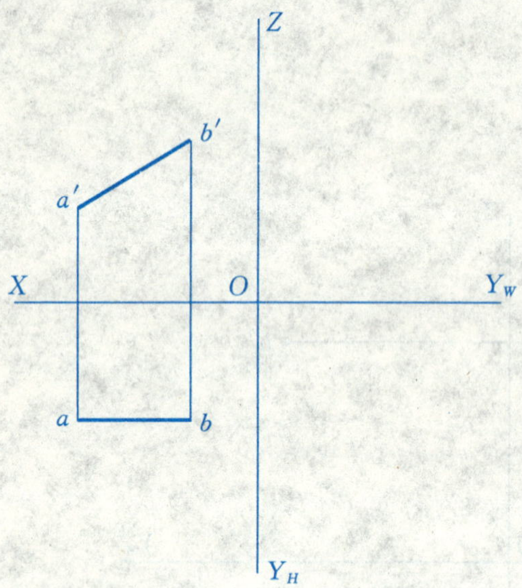

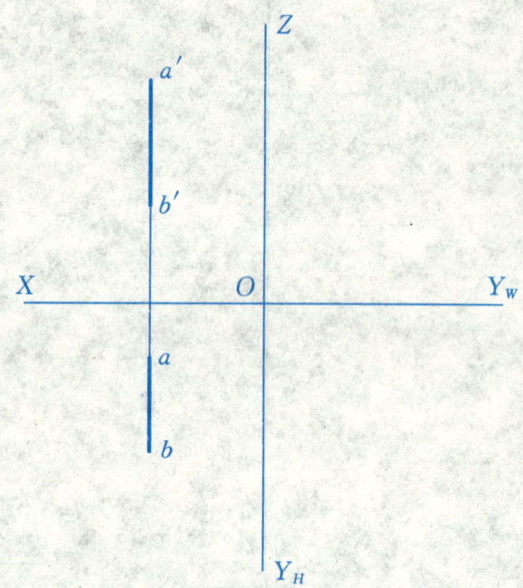

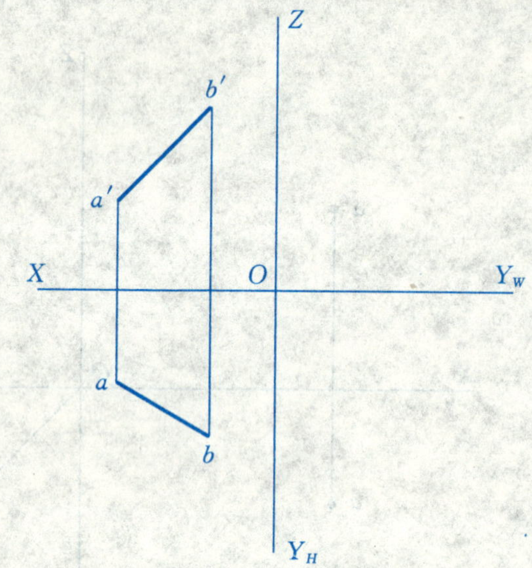

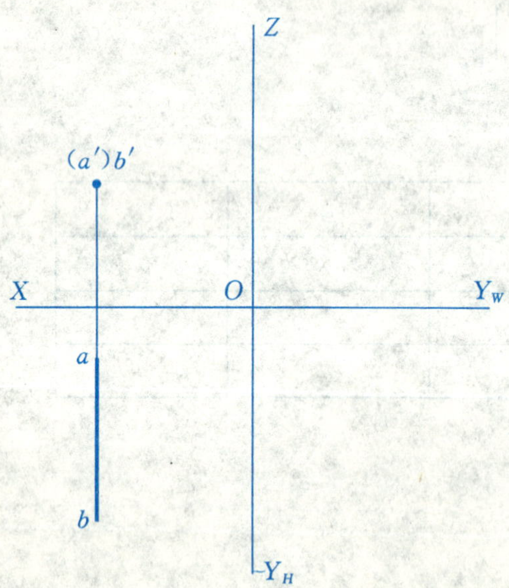

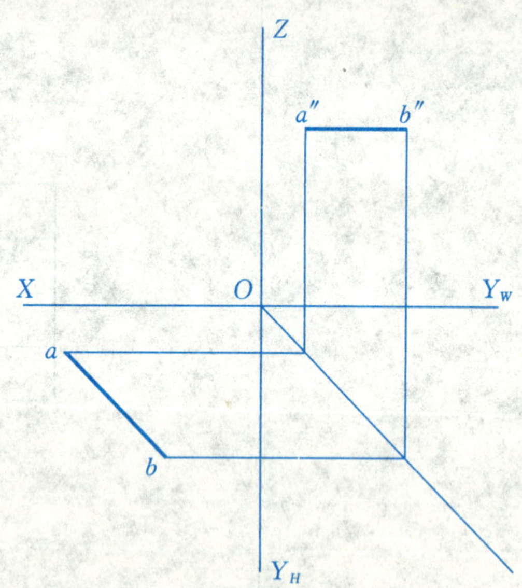

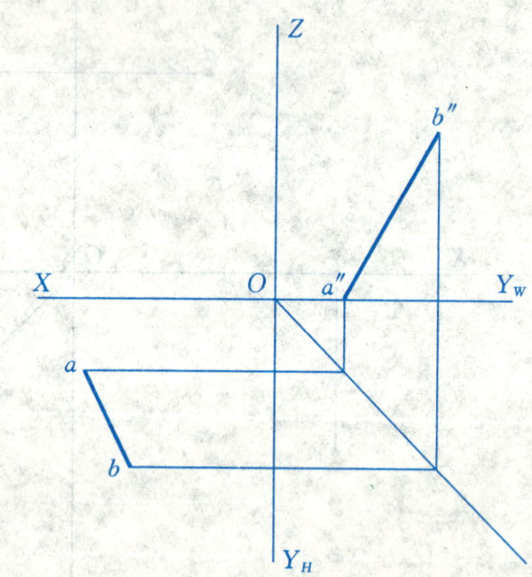

2.2 直线的投影	班级		姓名		学号	

(2) 已知点C是水平线AB上的一点，完成水平线AB和点C的三面投影。

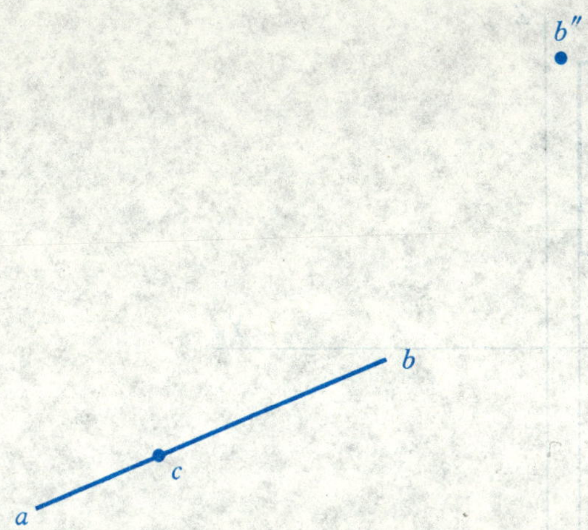

(4) 已知直线AB的两面投影，求其实长和其与投影面夹角 α、β。

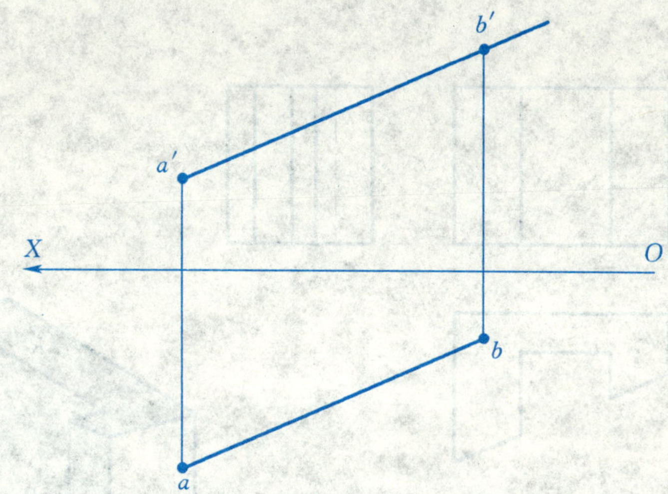

(3) 求直线AB上的一点C，使AC∶CB=2∶3。

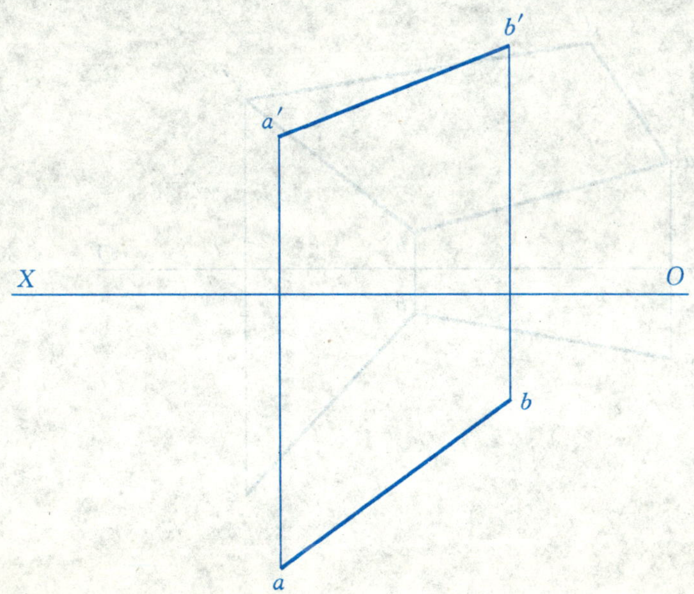

(5) 已知线段 AB 实长为 60mm，点 A 到 H 面距离 35mm，求 a′b′。

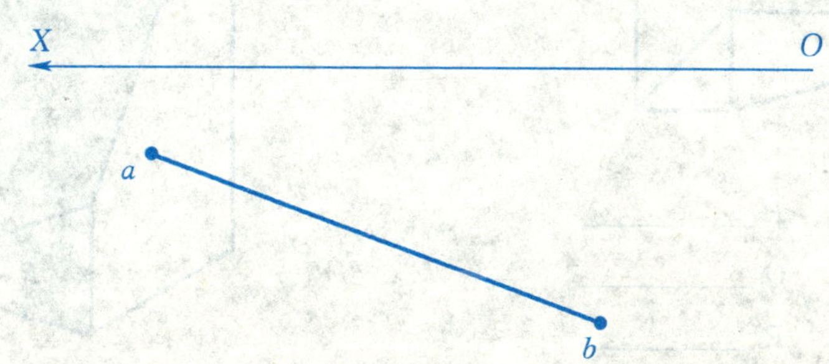

2.3 平面的投影

班级		姓名		学号	

(1) 分析下列立体上 P、Q、R 平面的三面投影，在三视图中标出，并写出它们和各投影面的相对位置。

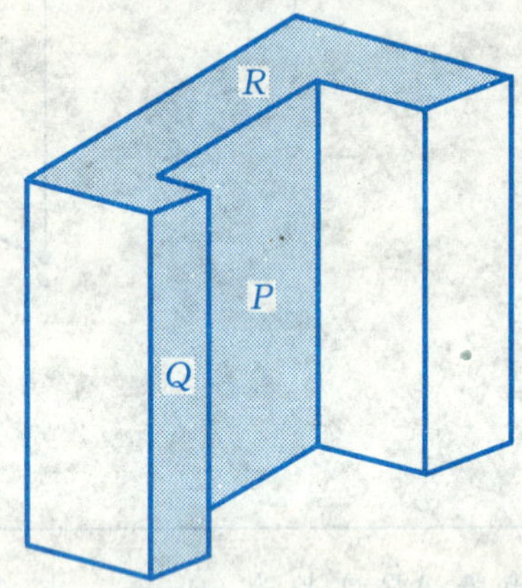

P ________

Q ________

R ________

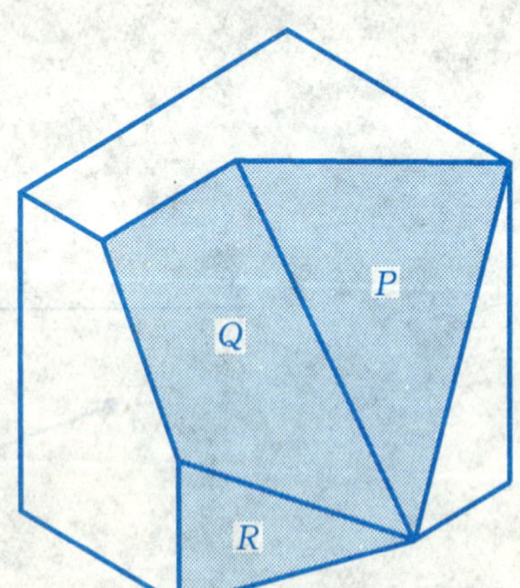

P ________

Q ________

R ________

(2) 完成平面图形的第三投影，并判别平面是什么位置的平面。

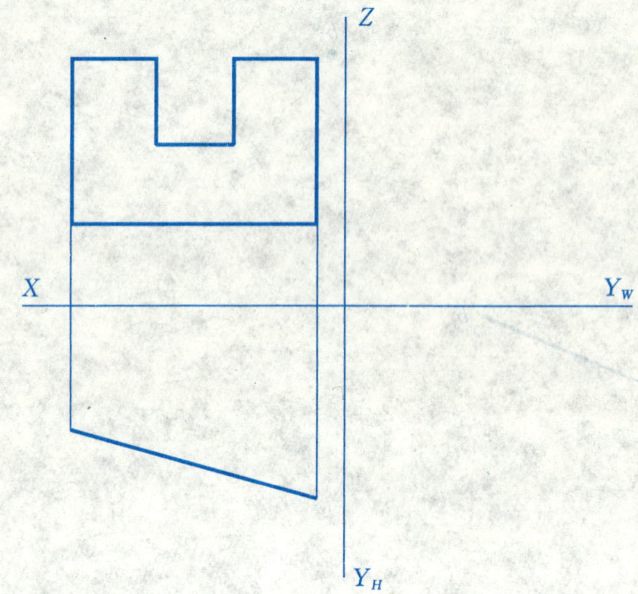

____

(3) 完成平面图形的水平投影。

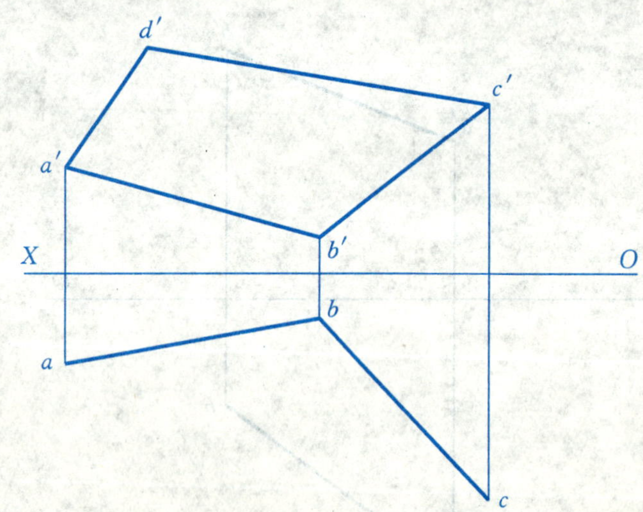

2.4 直线、平面的相对位置

班级		姓名		学号	

(1) 判别点 P、M 是否属于平面 ABC。

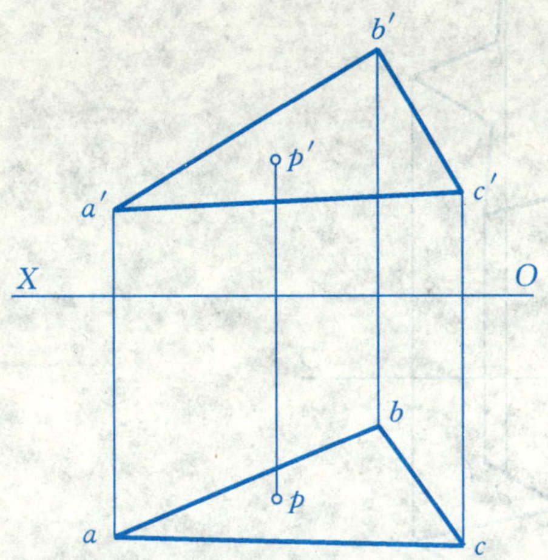

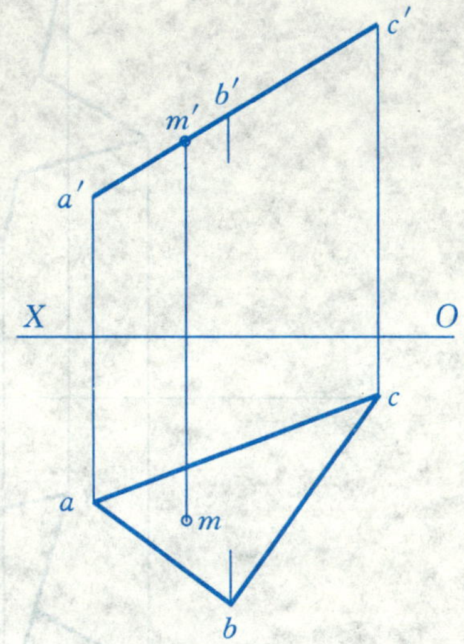

(3) 判断直线 PQ、LA 是否属于给定的平面。

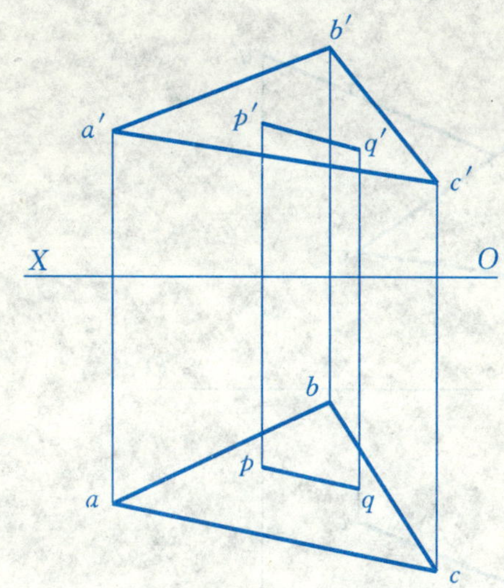

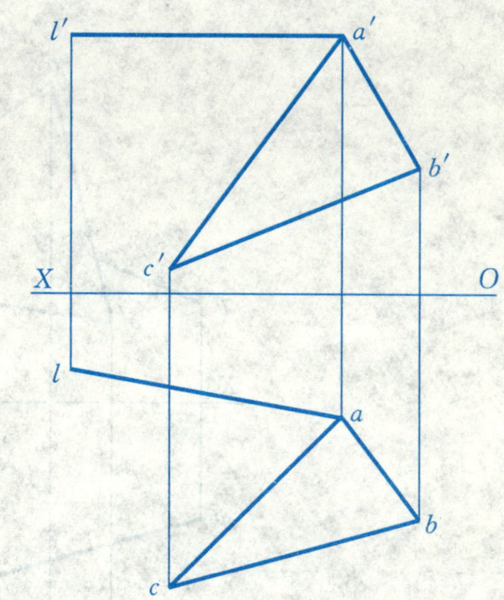

(2) 过点 C 作平面内的水平线，过点 A 作平面内的正平线。

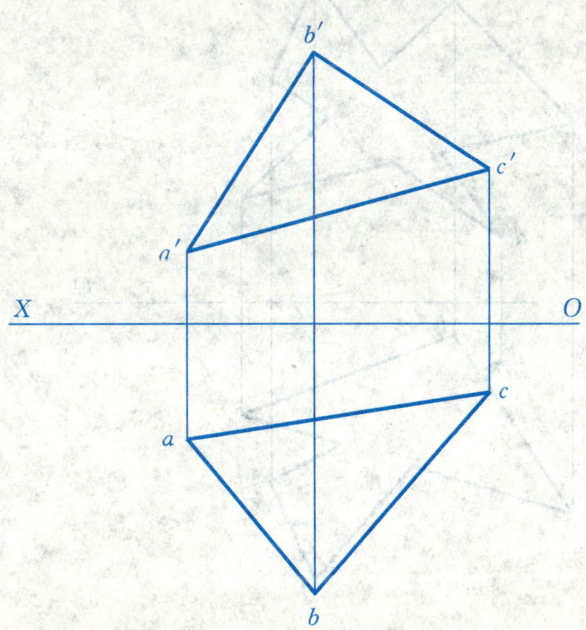

(4) 判断直线 PQ 和平面 LMN 是否平行于平面 ABC。

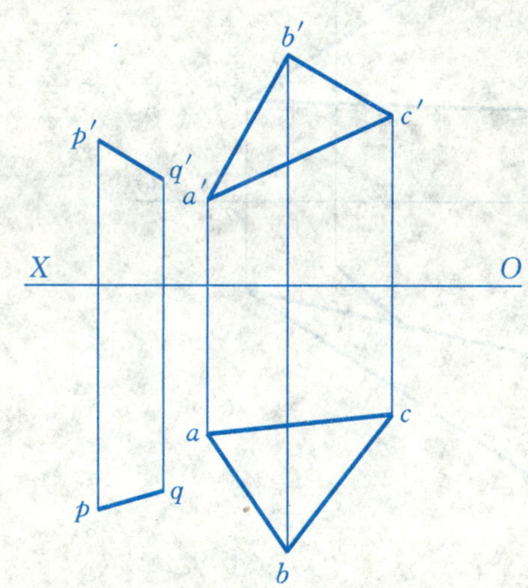

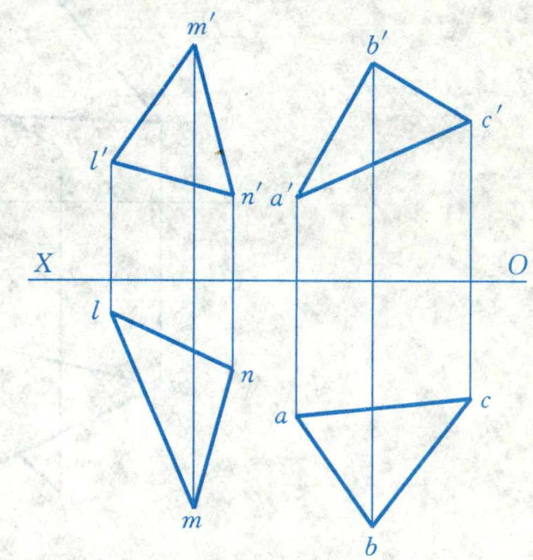

2.4 直线、平面的相对位置

班级 | 姓名 | 学号

(5) 求交点并判断可见性。

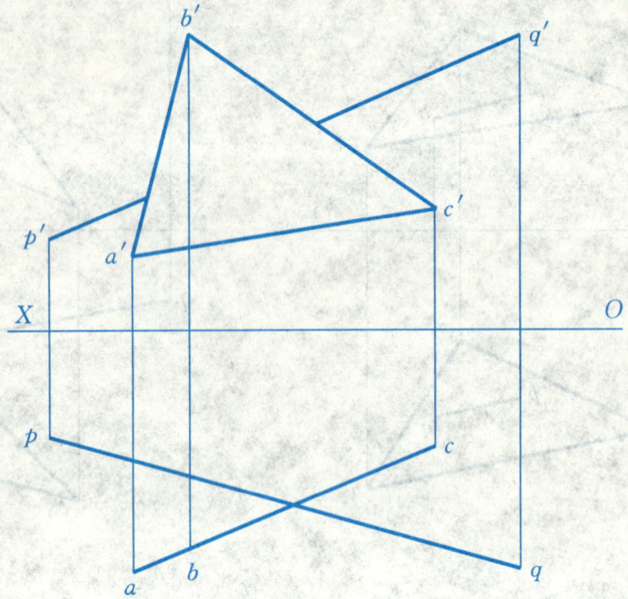

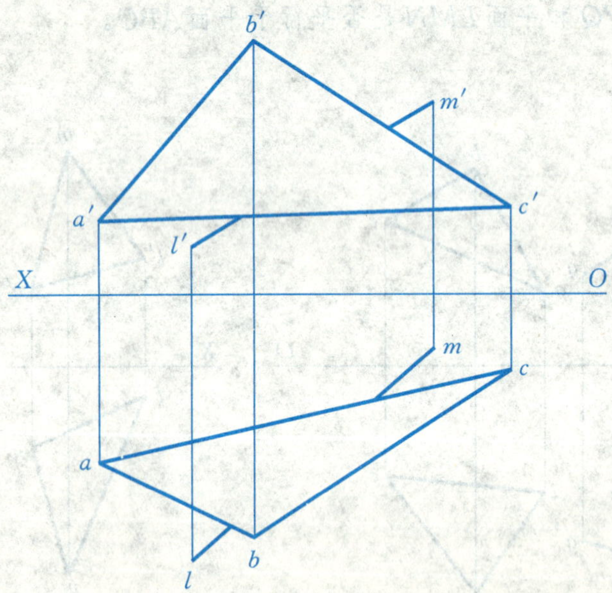

(6) 求交线并判断可见性。

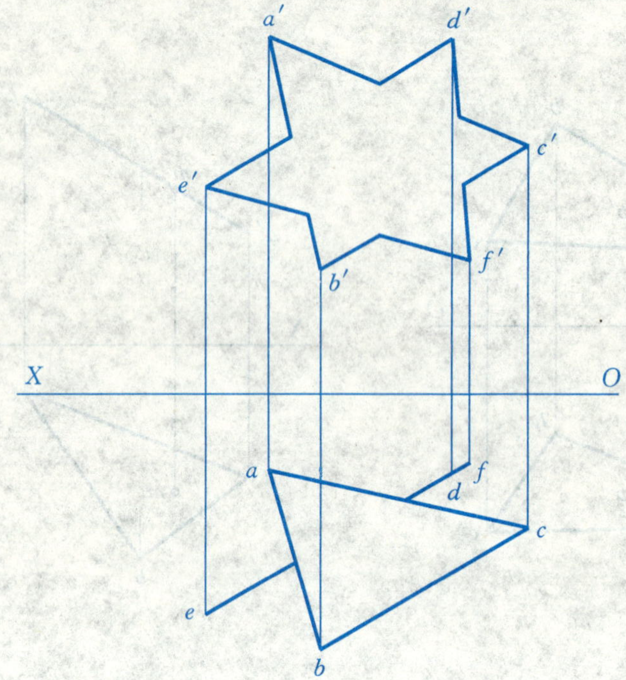

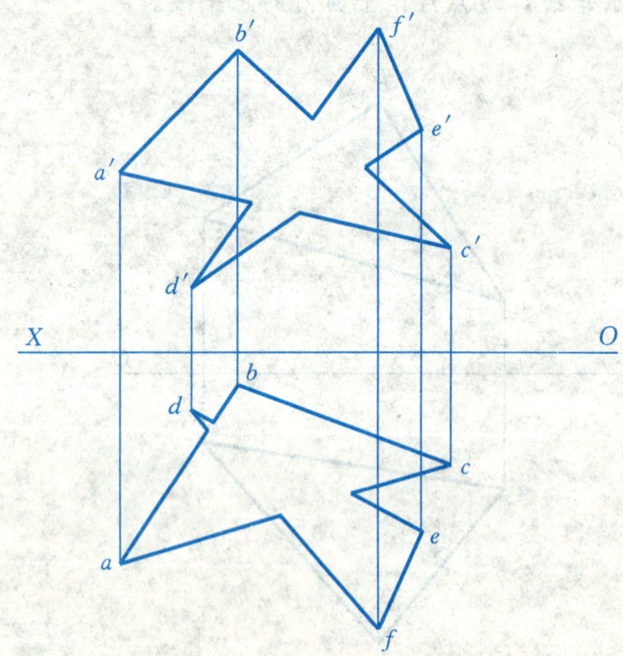

2.4 直线、平面的相对位置

班级　　　　姓名　　　　学号

(7) 求点 P 到平面 ABC 的距离 PK。

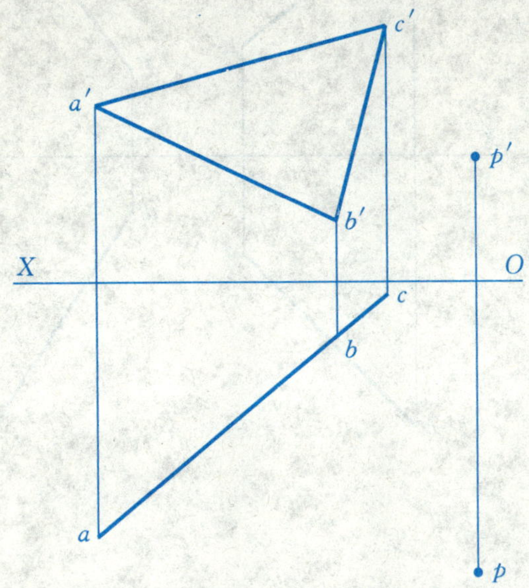

(9) 求作△ABC 对 V 面的倾角 β。

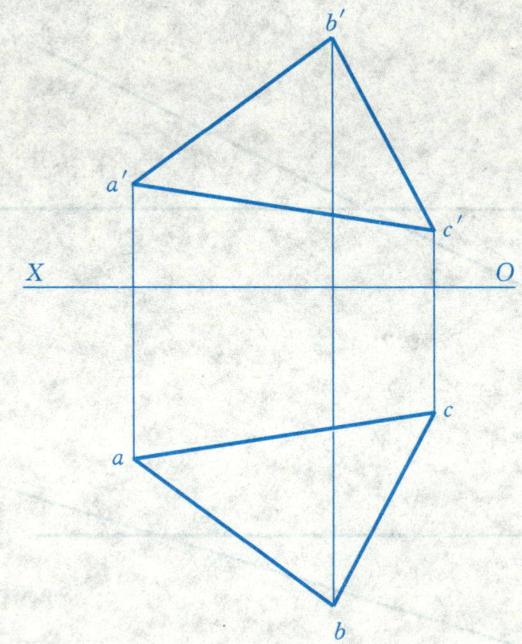

(8) 求交叉两直线 PQ 和 MN 的公垂线 AB 的正面和水平投影。

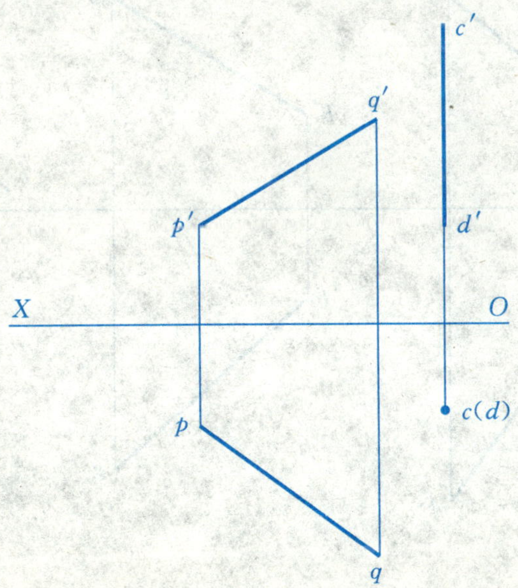

(10) 已知 ABC 平面对 H 面的倾角 $\alpha=30°$，完成其 V 面投影。

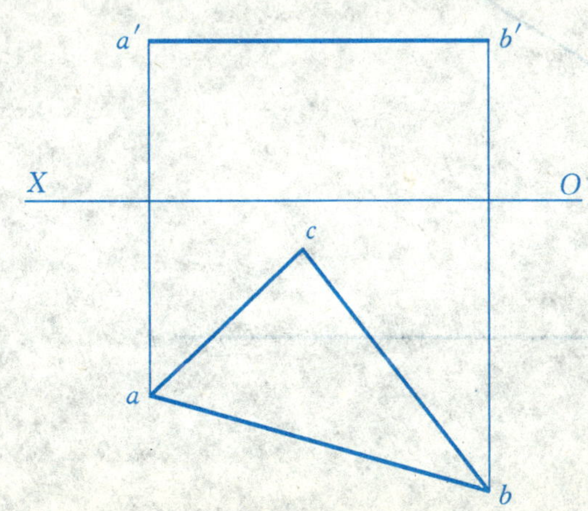

2.5 相对位置的综合题

班级		姓名		学号	

*(1) 求公垂线 MV 的投影。

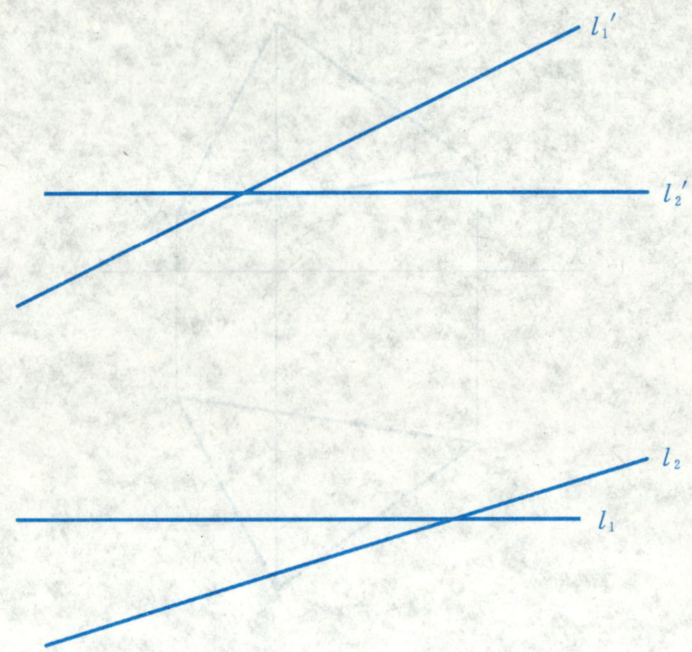

*(2) 求正△ABC的视图投影，其中AB在直线 L 上。

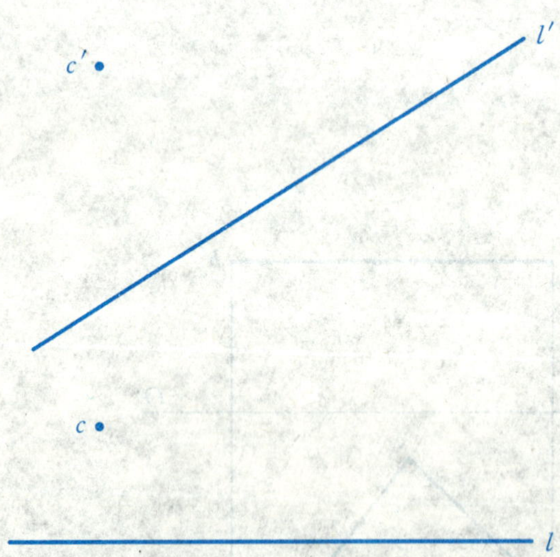

*(3) 过直线AB上一点A作一直线垂直于AB，并与直线DE相交。

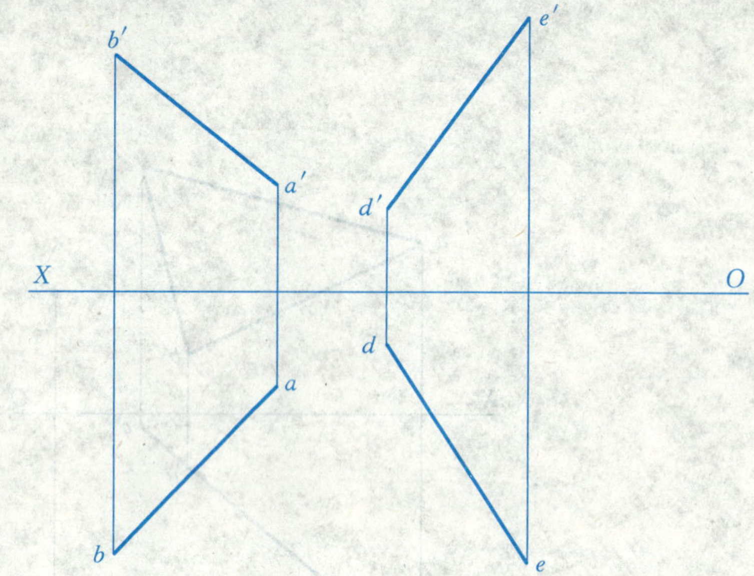

*(4) 正方形$ABCD$的点A在直线EF上，点C在直线BG上，试完成其投影。

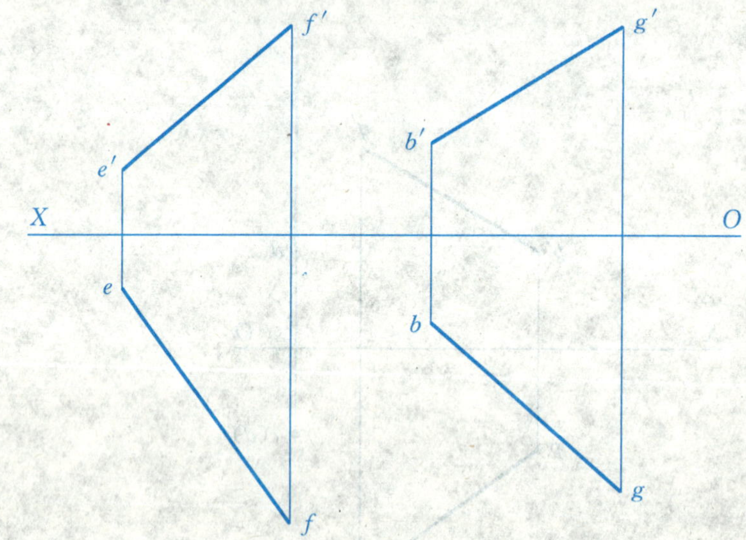

第3章 基 本 立 体

3.1 基本体的投影	班级		姓名		学号	

(1) 已知基本立体二视图，求作第三视图。

a.

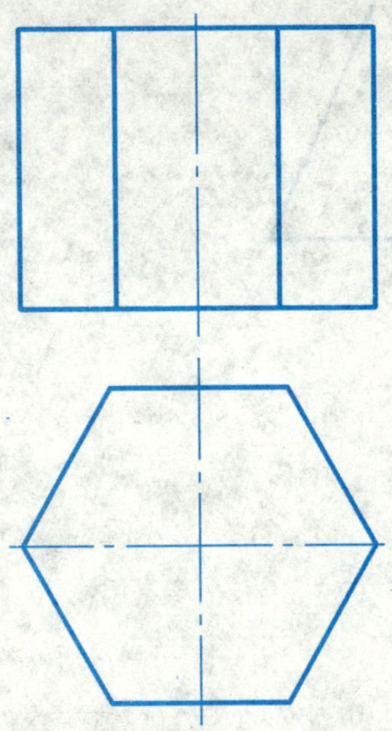

c.

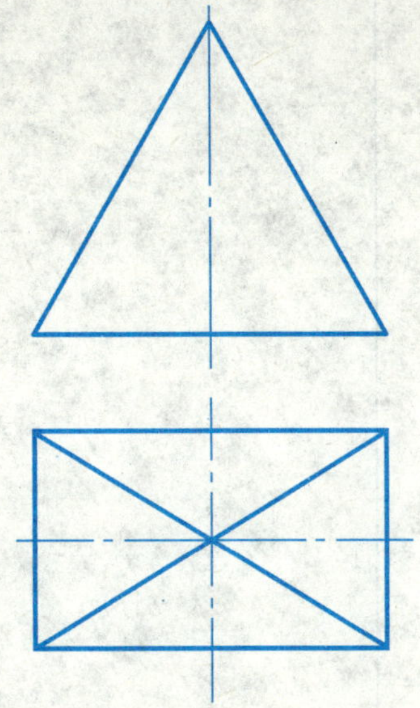

b.

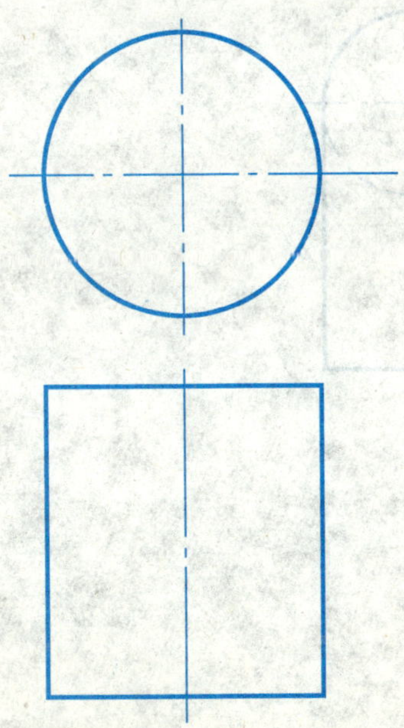

d.

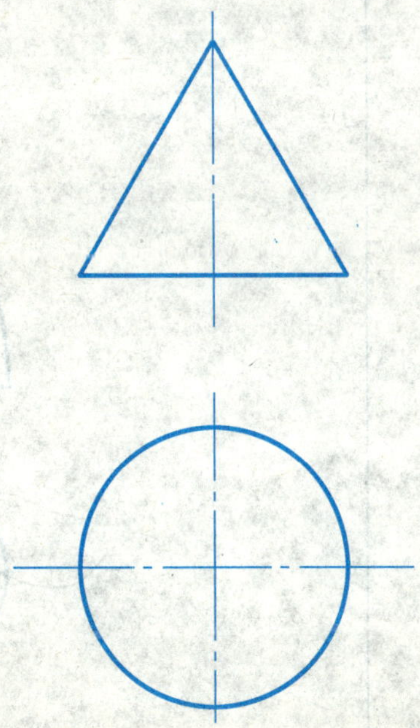

(2) 求作平面立体的第三视图，同时根据平面立体表面上点的一个投影求作其余两个投影，并判断可见性。

a.

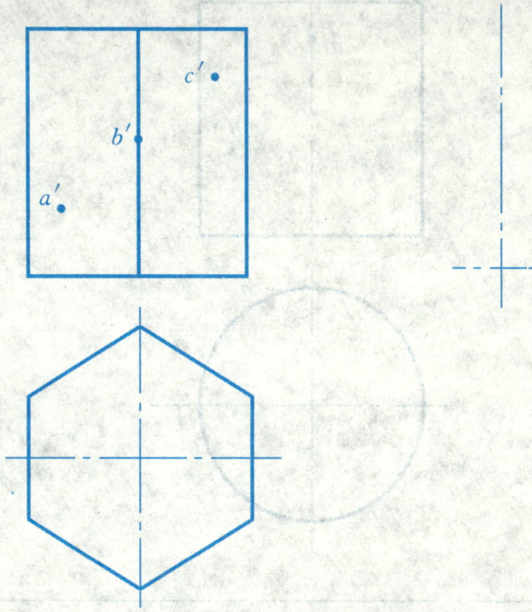

b.

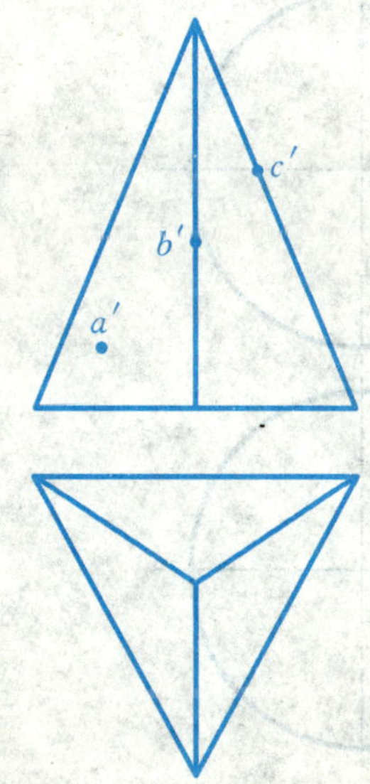

3.1 基本体的投影	班级		姓名		学号	

(3) 已知回转体的两视图求作第三视图，同时根据回转体表面上点的一个投影求出其余两个投影，并判断可见性。

a.

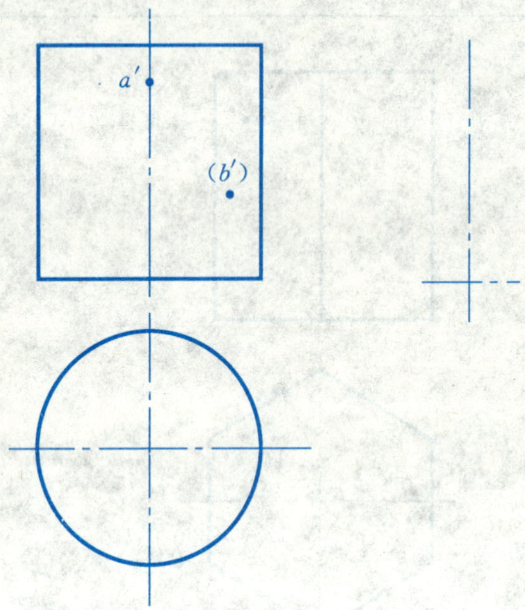

b.

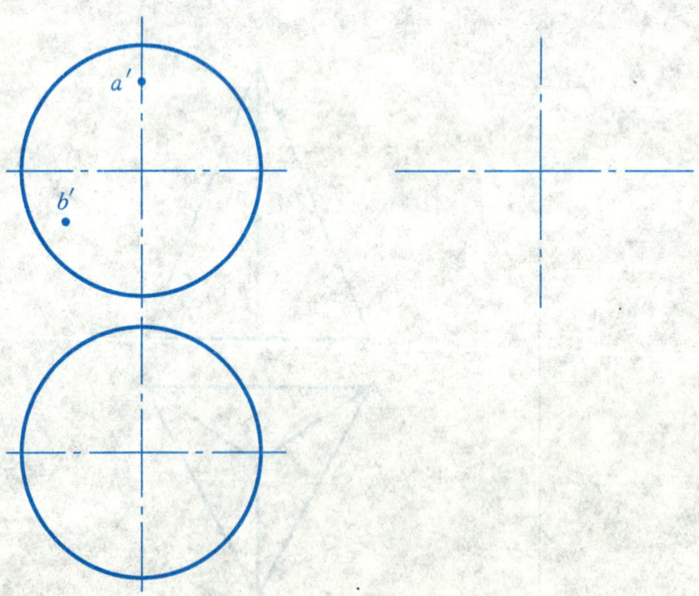

c.

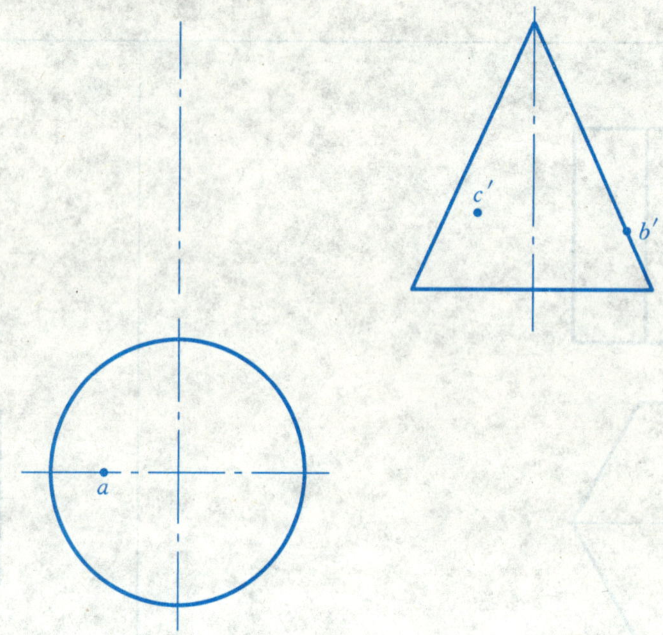

d.

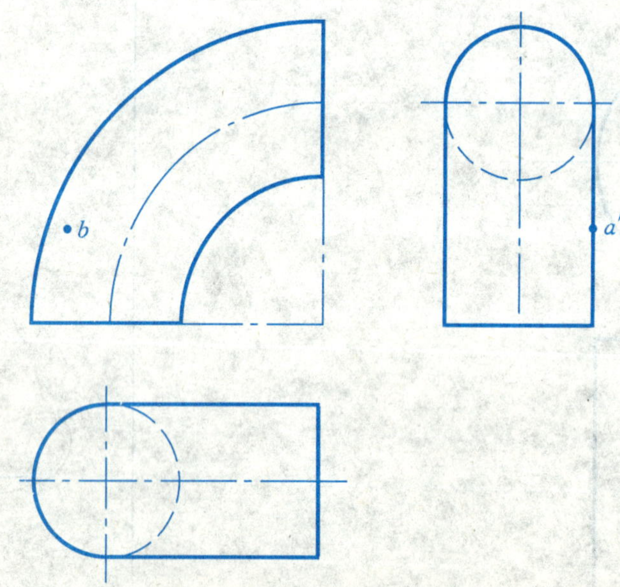

3.2 截交线	班级		姓名		学号	

(1) 完成截头六棱柱的俯视图，并画出左视图。

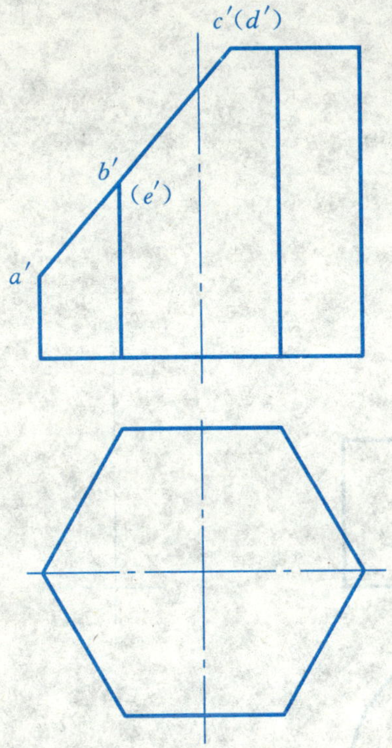

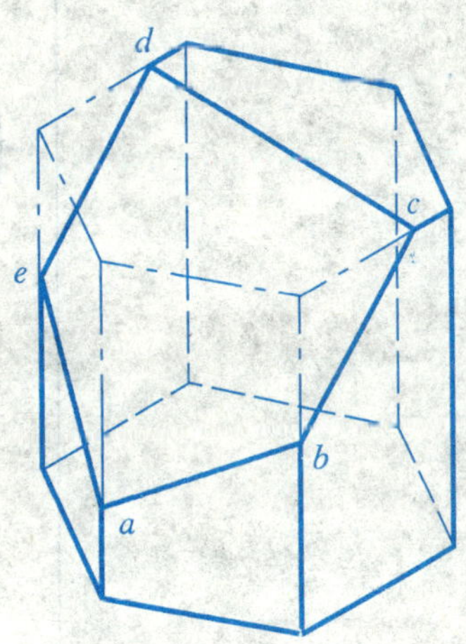

(2) 根据立体的两视图，画出第三视图。

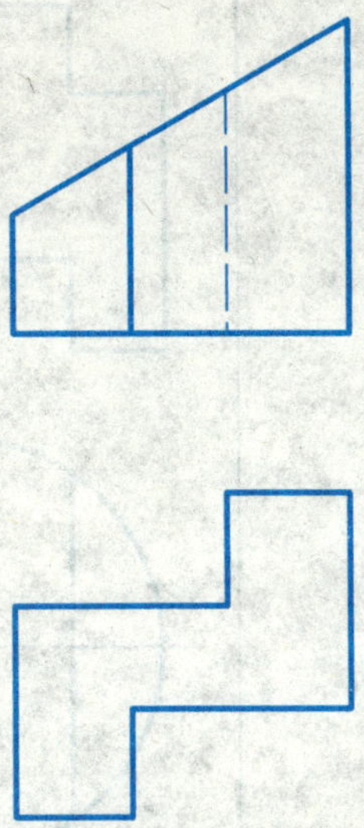

(3) 求带切口的三棱锥的水平和侧面投影。

3.2 截交线

班级　　　　姓名　　　　学号

(4)求带切口的四棱柱的水平和侧面投影。

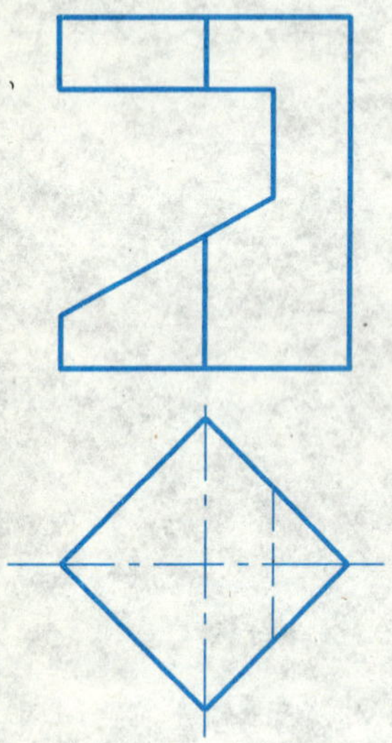

(5)完成缺口半球的水平投影和侧面投影。

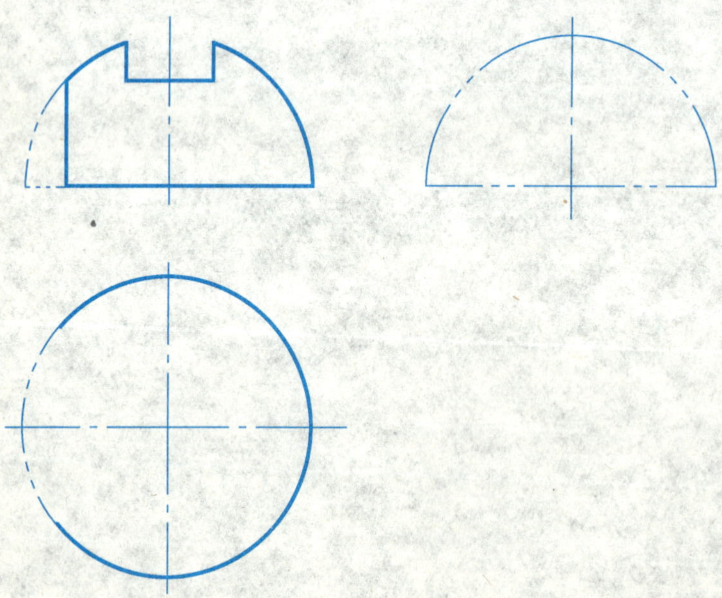

(6)分析截交线，补全切口基本体的三面视图。

a.

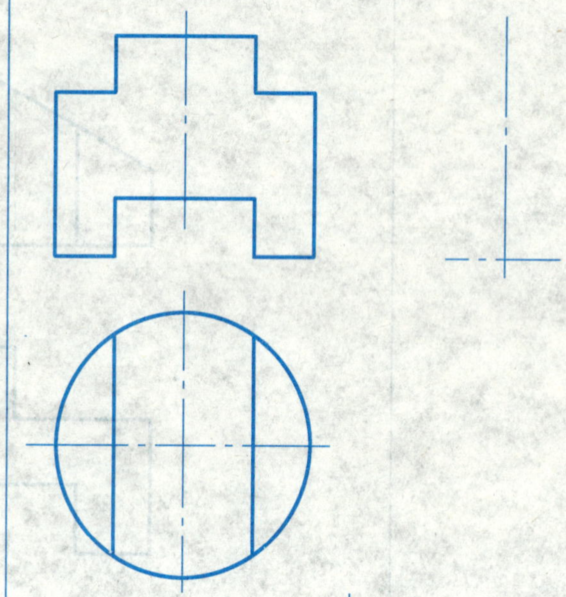

b.

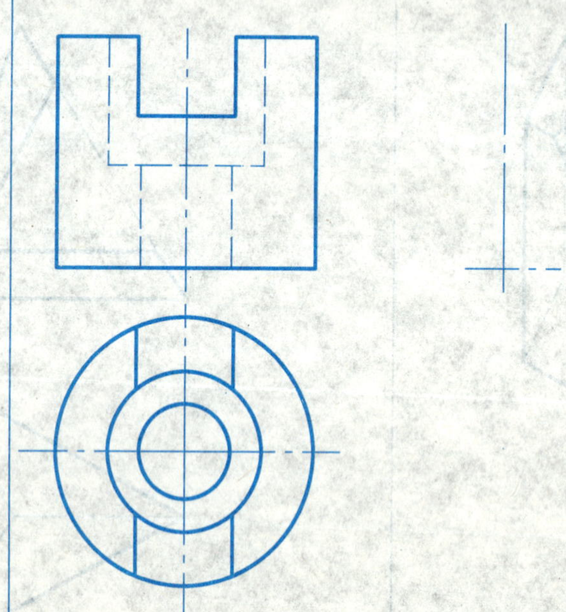

c.

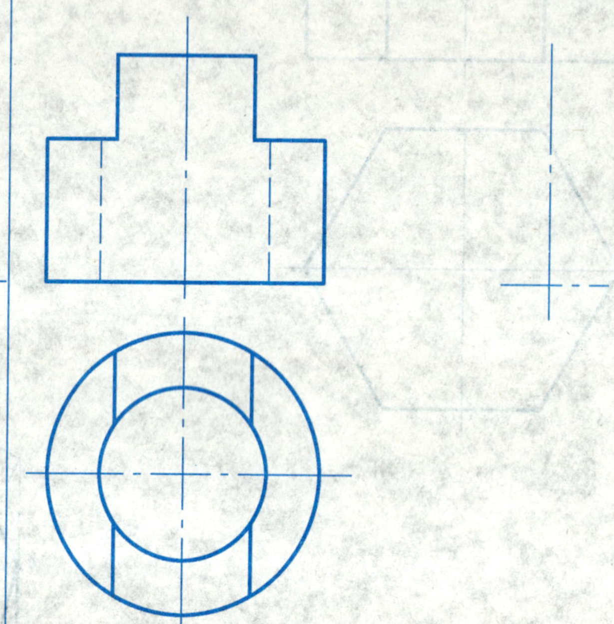

3.2 截交线

班级		姓名		学号	

(7) 补全截断体的视图（描点画）。

a.

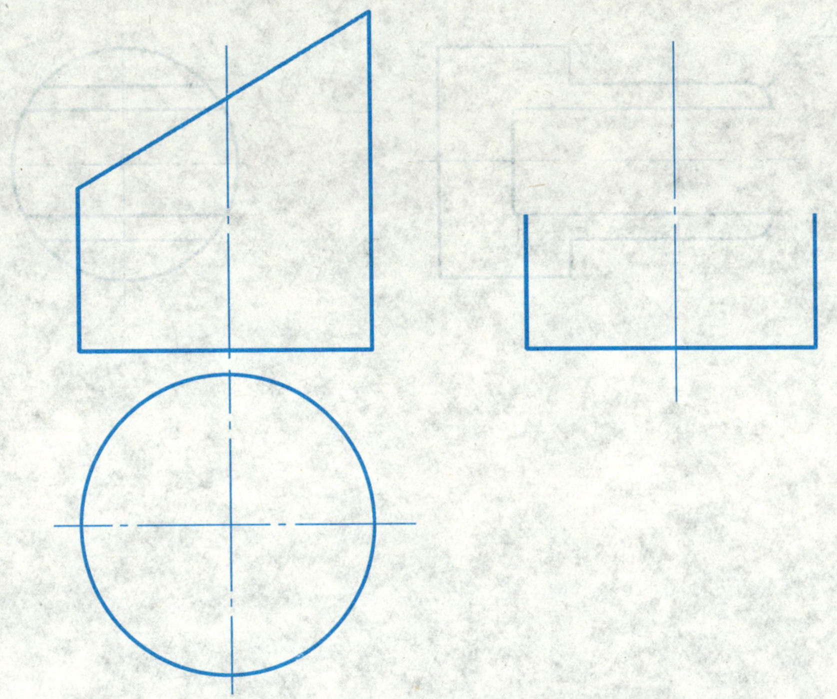

c.

b.

d.

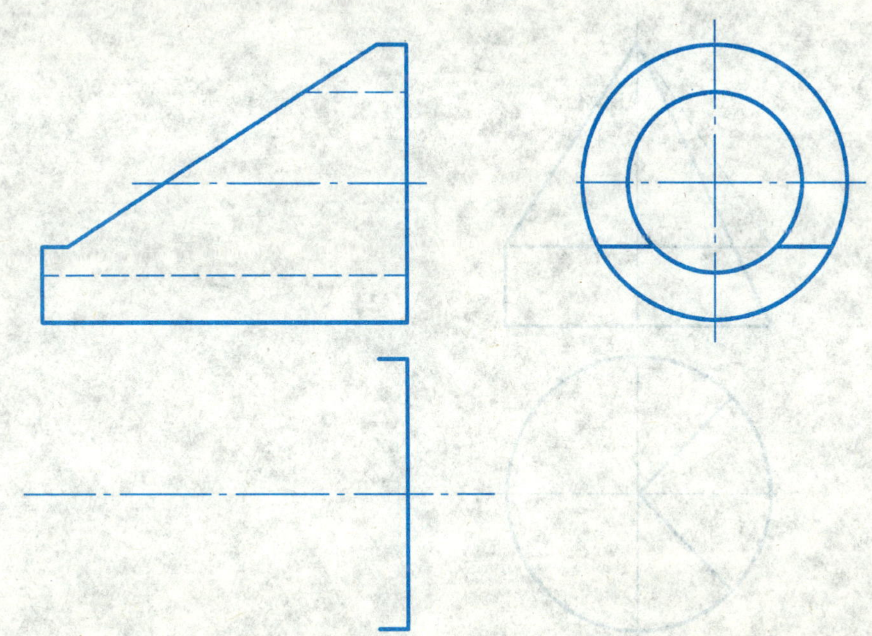

3.2 截交线

3.2 截交线	班级		姓名		学号	

*(8) 分析回转体的截交线，并补画其投影。

a.

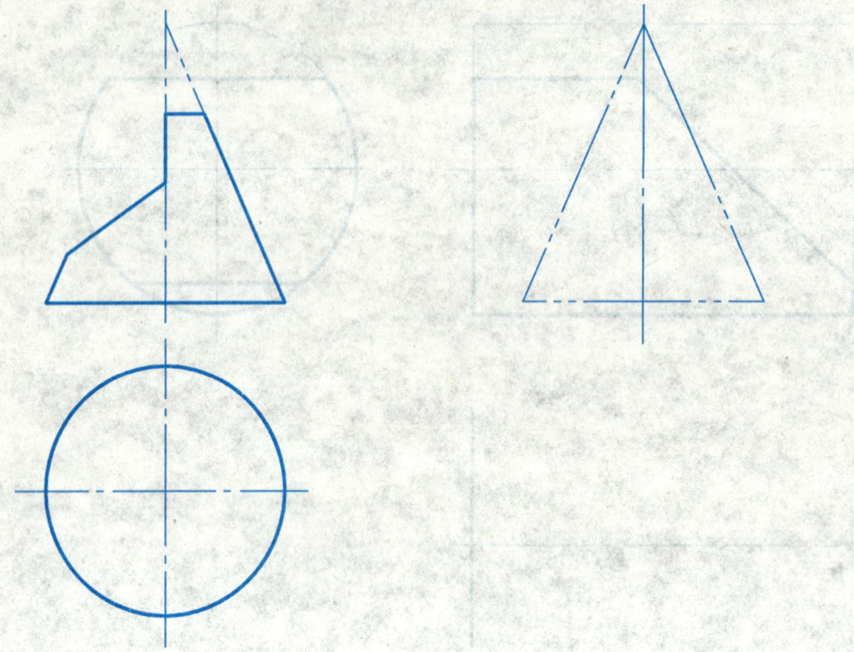

b.

c.

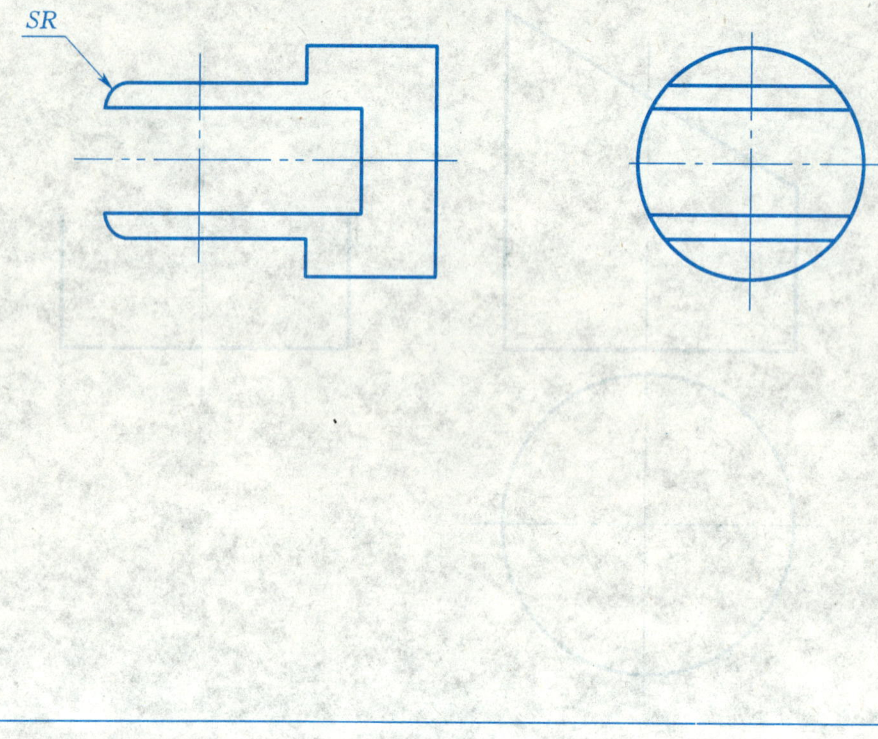

*(9) 分析球被截切后的截交线，并补画其投影。

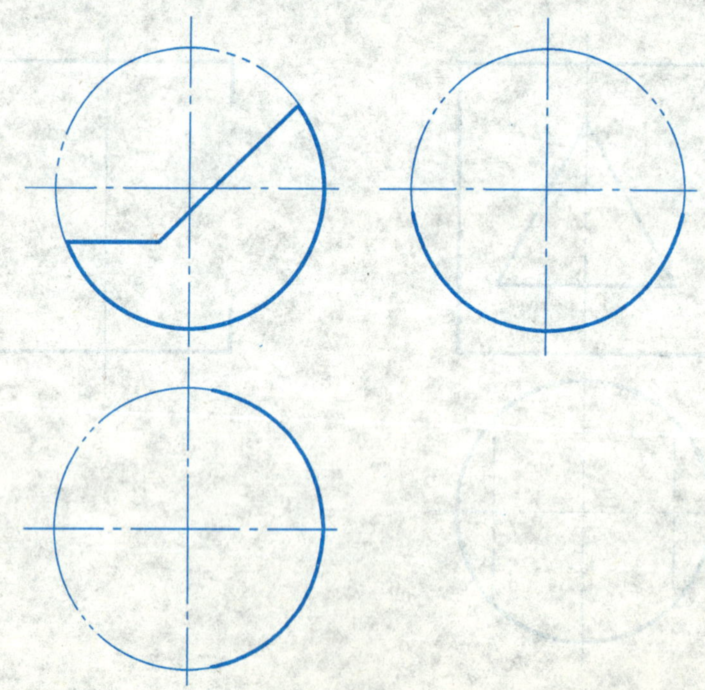

3.2　截交线	班级		姓名		学号	

*(10) 作出球体截交线。

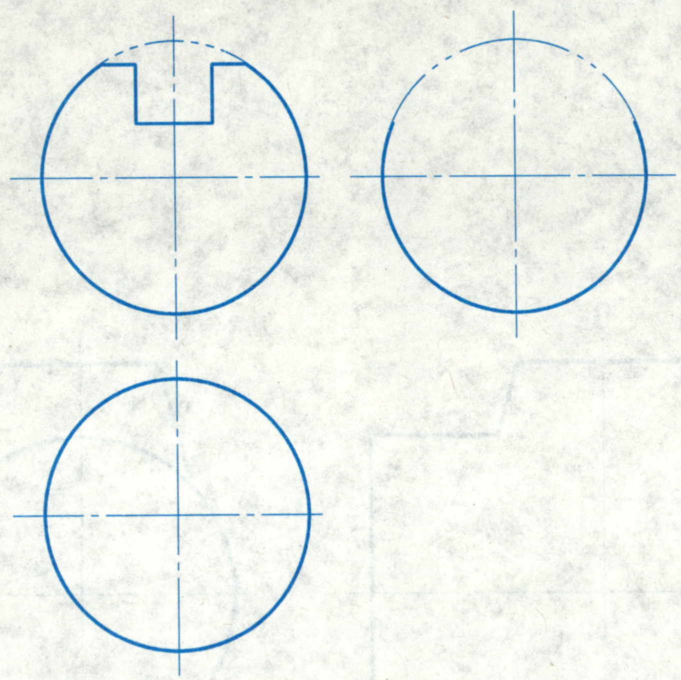

*(11) 作回转体正面视图截交线。

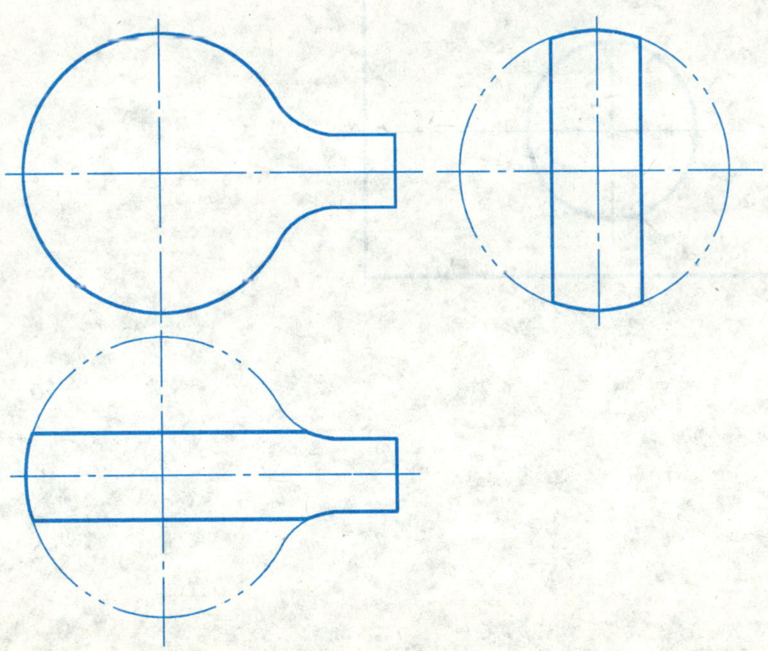

3.3　相贯线	班级		姓名		学号	

(1) 求作相贯体的正面投影。

(2) 求作相贯体的正面和侧面投影。

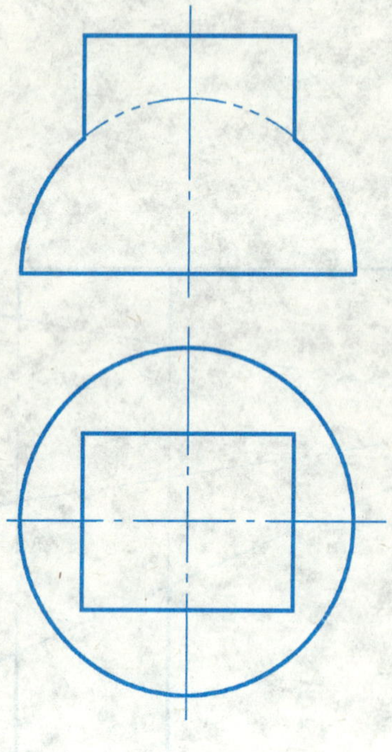

(3) 作具有正垂的矩形穿孔的三棱柱的侧面投影。

(4) 画出相贯线在主、俯视图中的投影（作出特殊点及两个一般点的投影，保留作图线，并用字母标出特殊点的投影）。

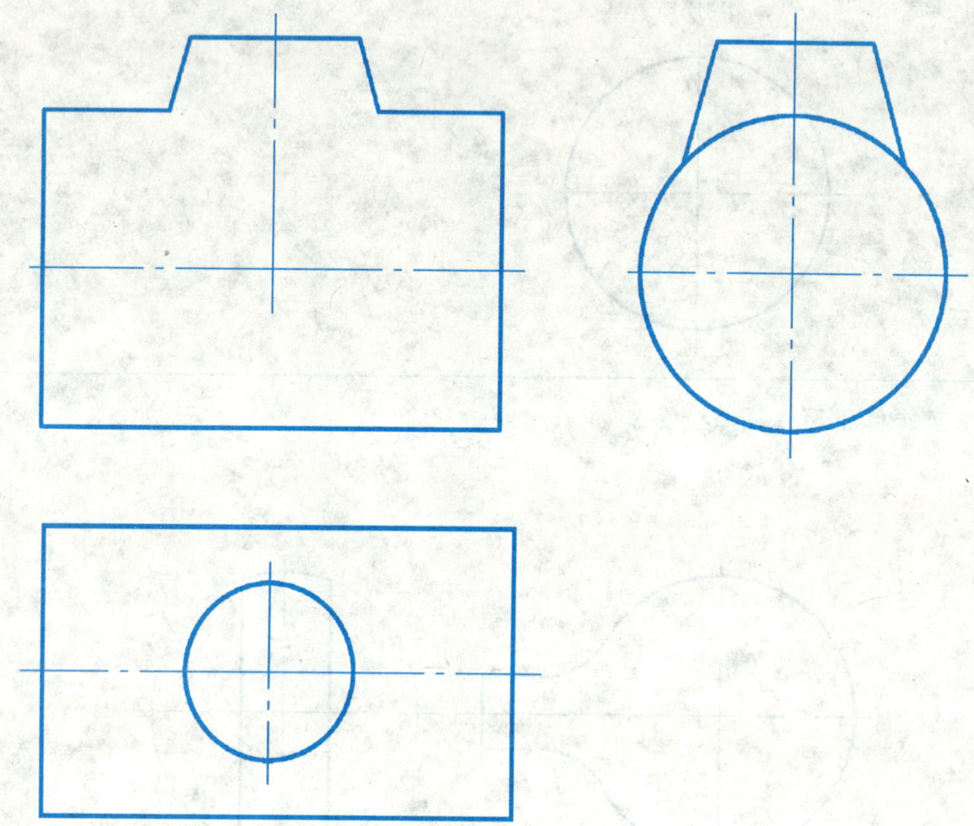

(5) 已知两圆柱偏交，完成其正面投影（标明和写出相贯线上的特殊点）。

*(6) 用辅助球面法求作两回转体的相贯线。

3.4 特殊位置相贯线

班级		姓名		学号	

(1) 求作下列特殊情况（具有公共内切球）下两回转体的相贯线。

a. 圆柱与圆柱相贯。

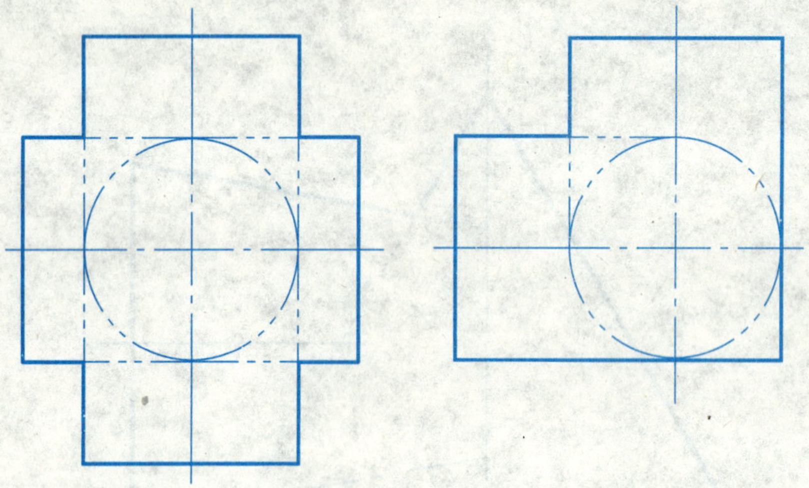

*b. 圆柱与圆锥相贯。

(2) 求作下列共轴回转体相贯线的二投影。

圆柱与半球相贯。

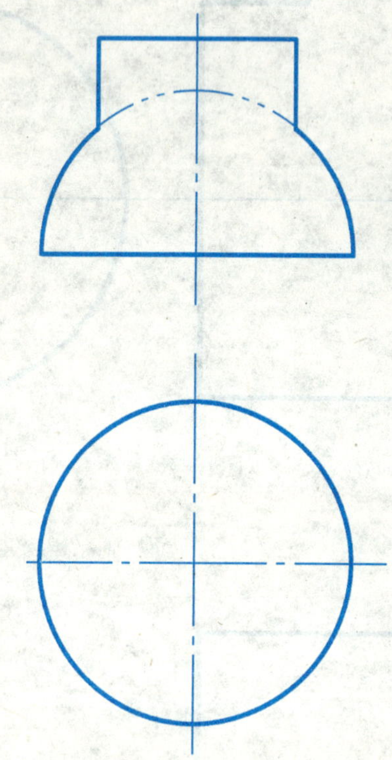

3.5 多形体相贯	班级		姓名		学号	

(1) 画出视图中缺漏的线。

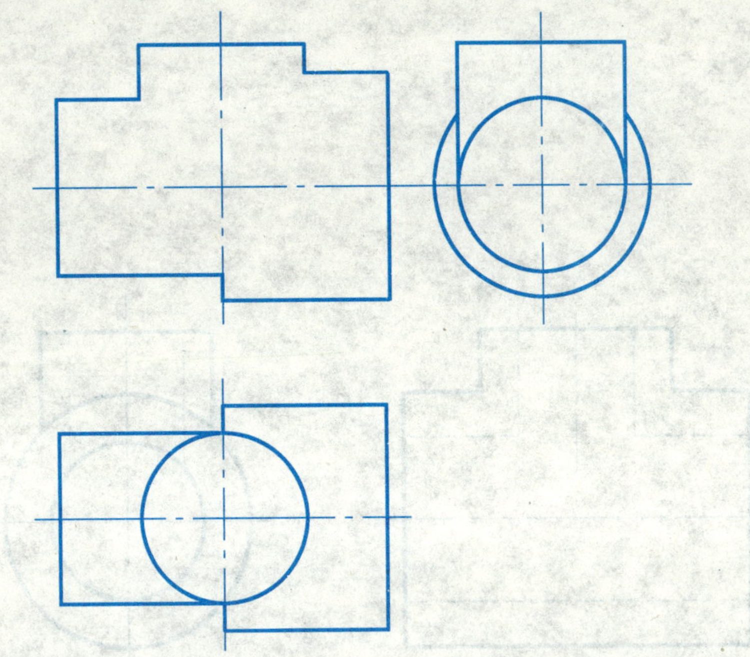

*(3) 求作圆柱、圆锥与圆球的相贯线。

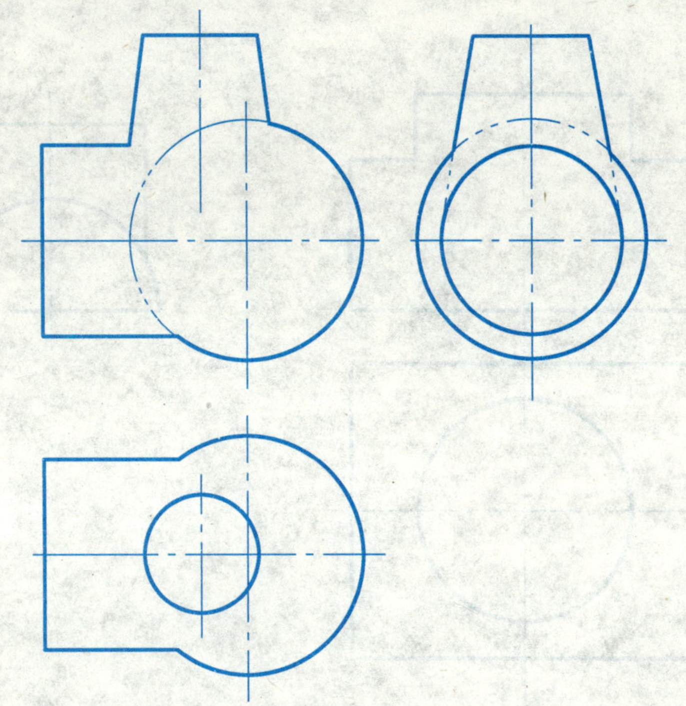

(2) 补全多个立体相贯的投影。

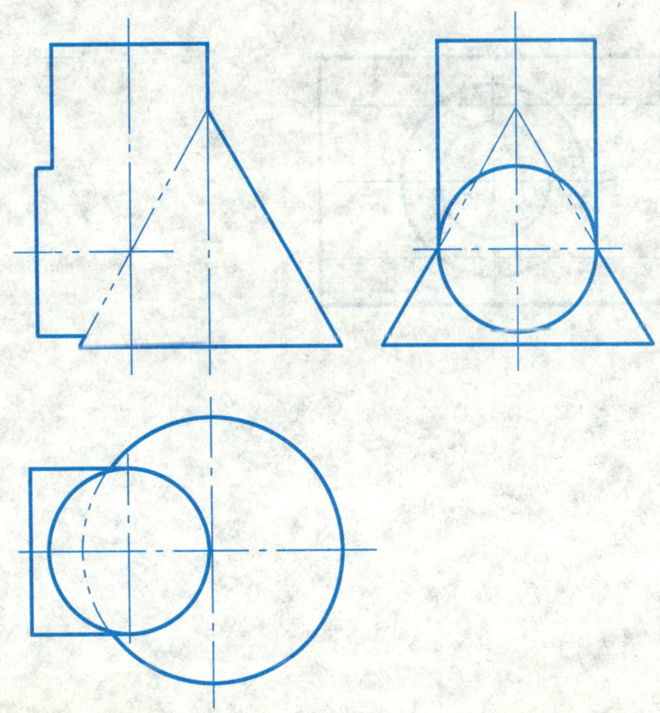

*(4) 画出主视图。

3.6 相贯线的简化画法

班级		姓名		学号	

(1) 补画相贯线。

a.

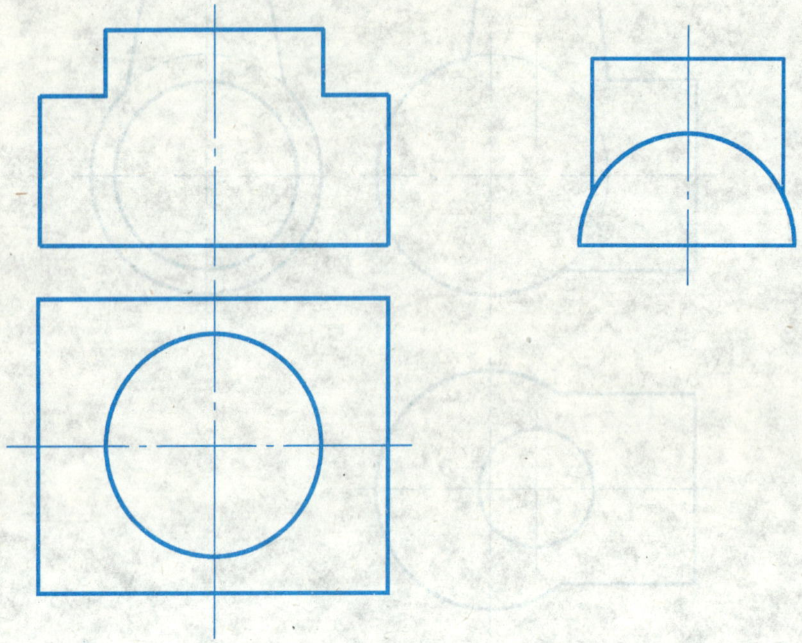

b.

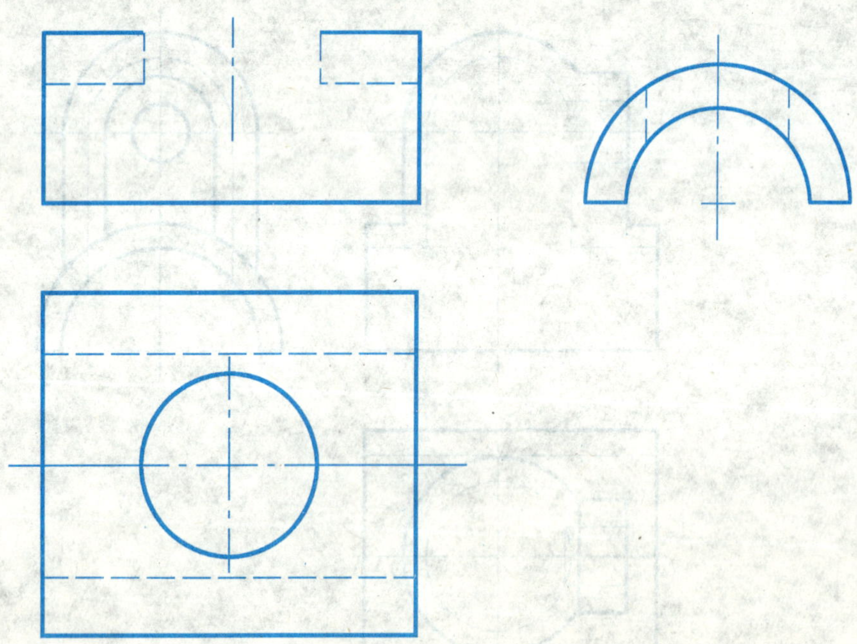

c.

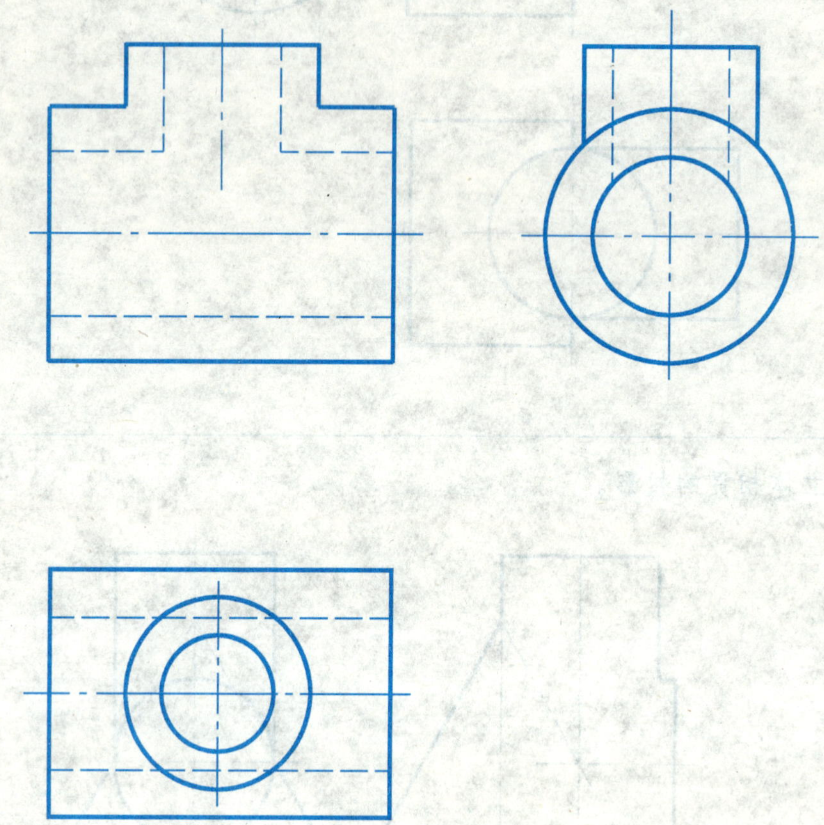

3.6 相贯线的简化画法

班级		姓名		学号	

d.

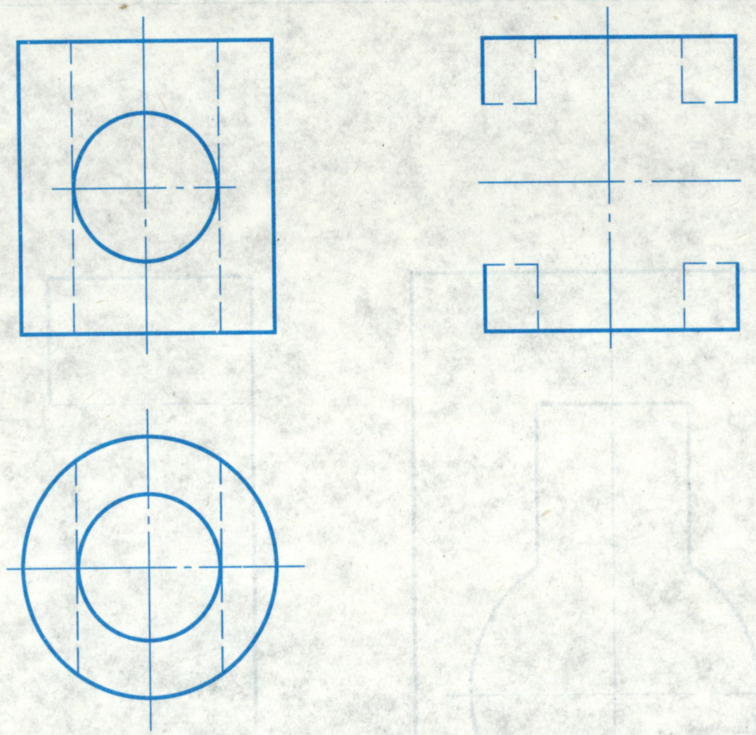

*e.

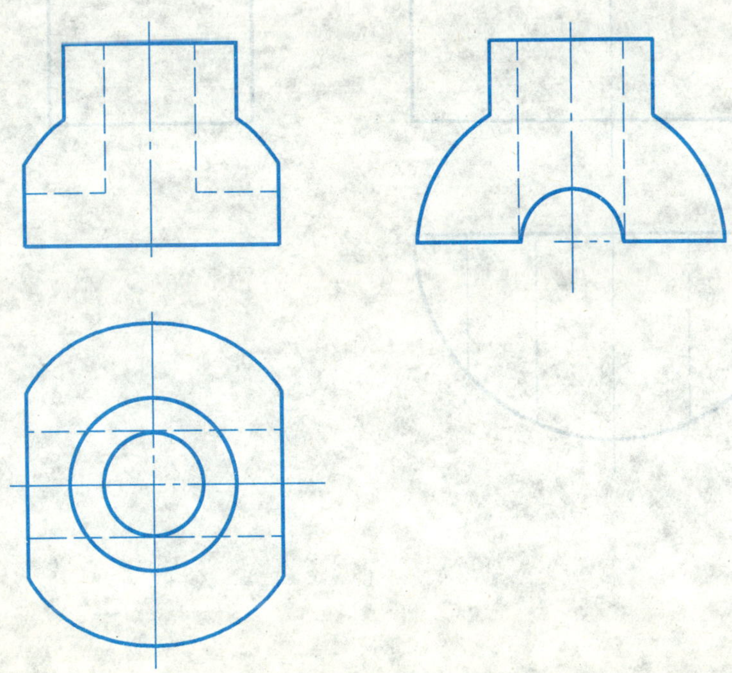

(2) 画全左视图。

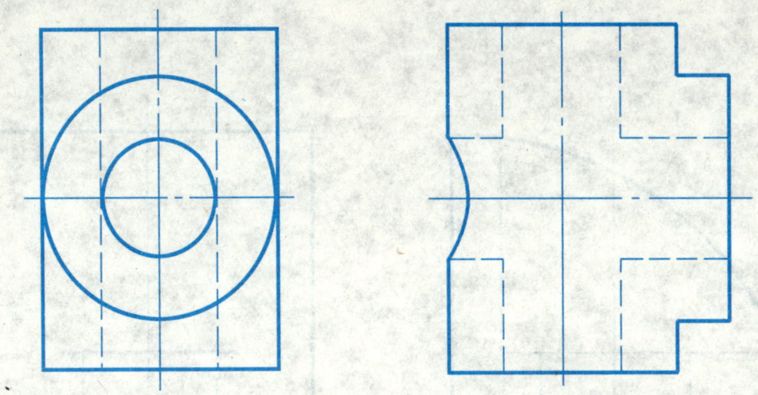

*(3) 画全左视图（作非圆曲线时，除特殊点外，还要作出至少两个一般点，画出作图线）。

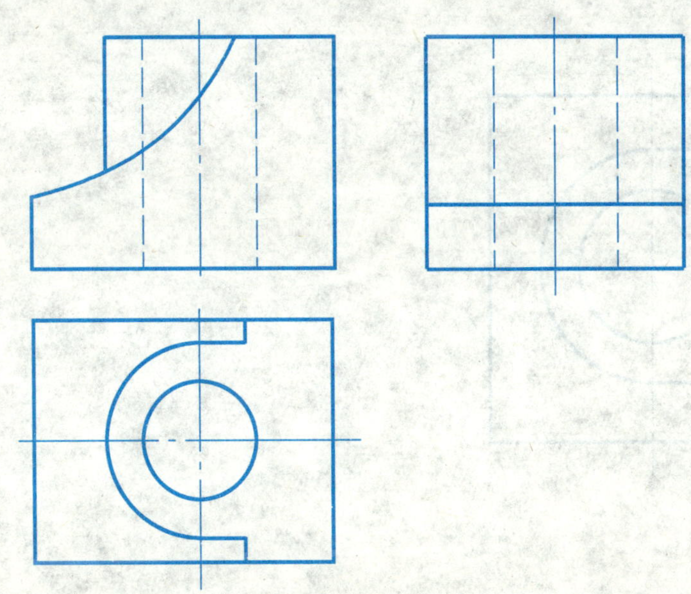

3.6 相贯线的简化画法

班级 姓名 学号

*(4) 补画视图中的截交线和相贯线。

a.

b.

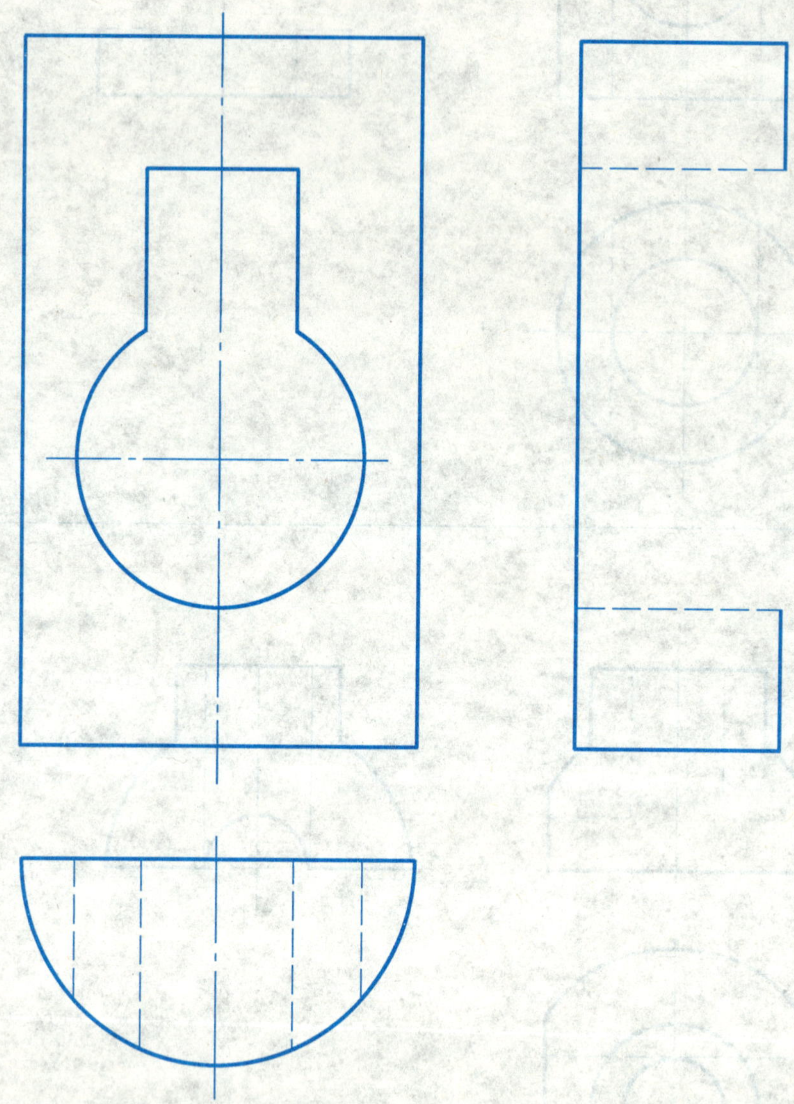

4.1 轴测视图

班级　　　　姓名　　　　学号

(1) 画正六棱柱，侧棱铅垂，棱高 20mm，底面中心位于点 O，A 为底边一个顶点。

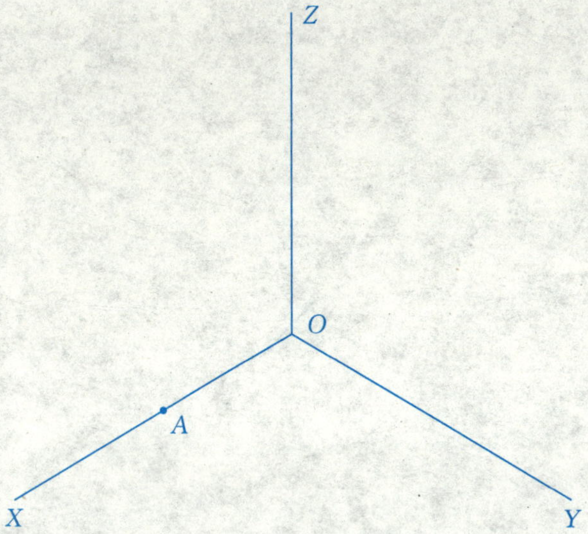

(2) 以 OZ 轴为轴、O 为底面中心，画直径为40mm、顶圆直径为20mm、高为30mm 的圆锥台的正等轴测图。

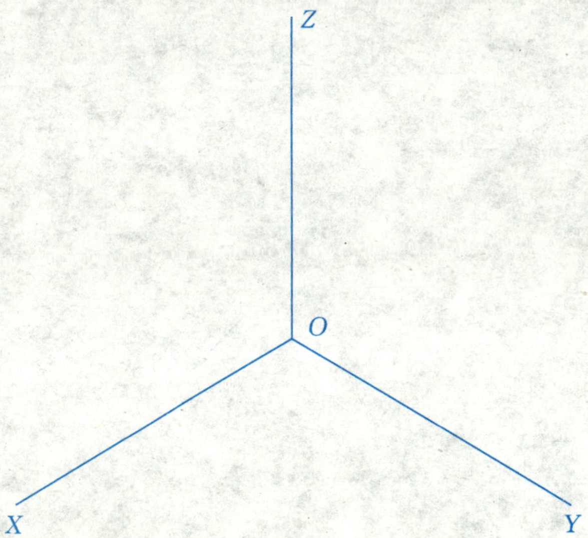

(3) 画正等轴测图。

(4) 已知圆柱体的俯视图和正视图，求其斜二等轴测图。

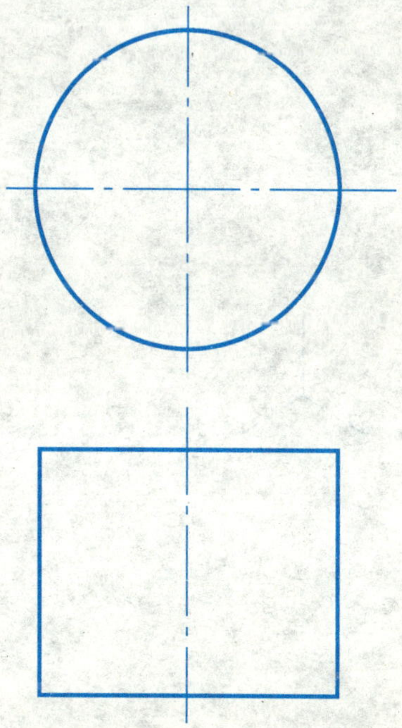

(5) 画正等轴测图。

a.

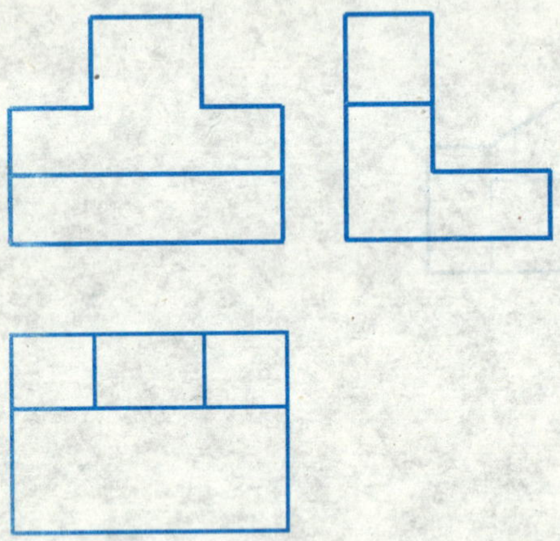

b.

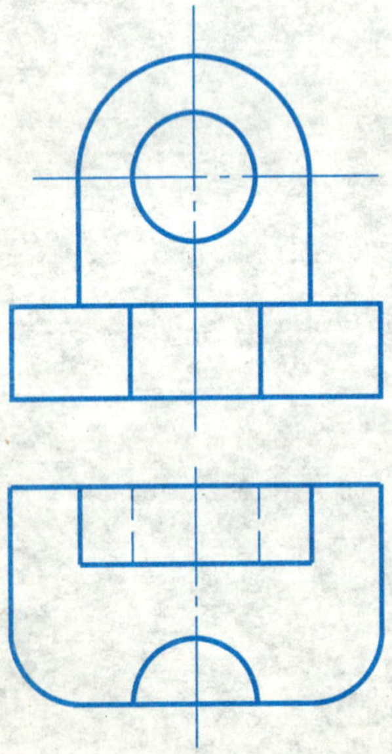

(6) 画斜二等轴测图。

a.

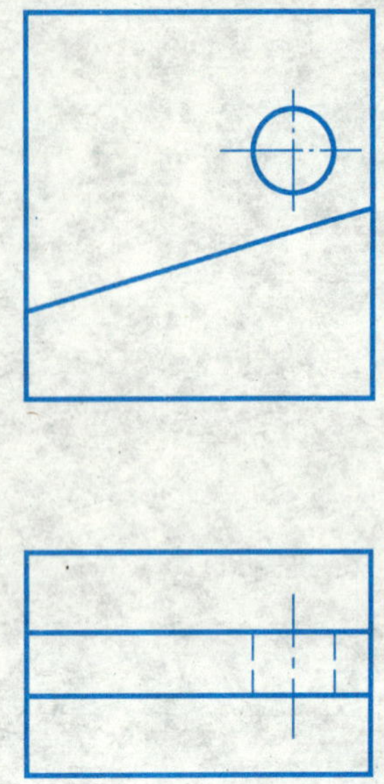

b.

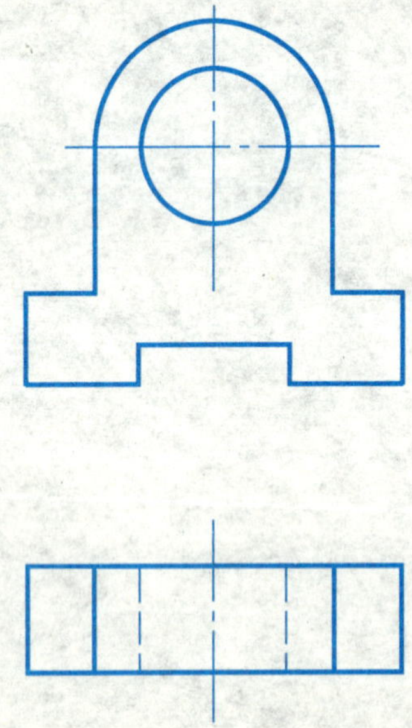

4.2 三维图形练习——用 AutoCAD 三维实体造型

班级		姓名		学号	

(1)

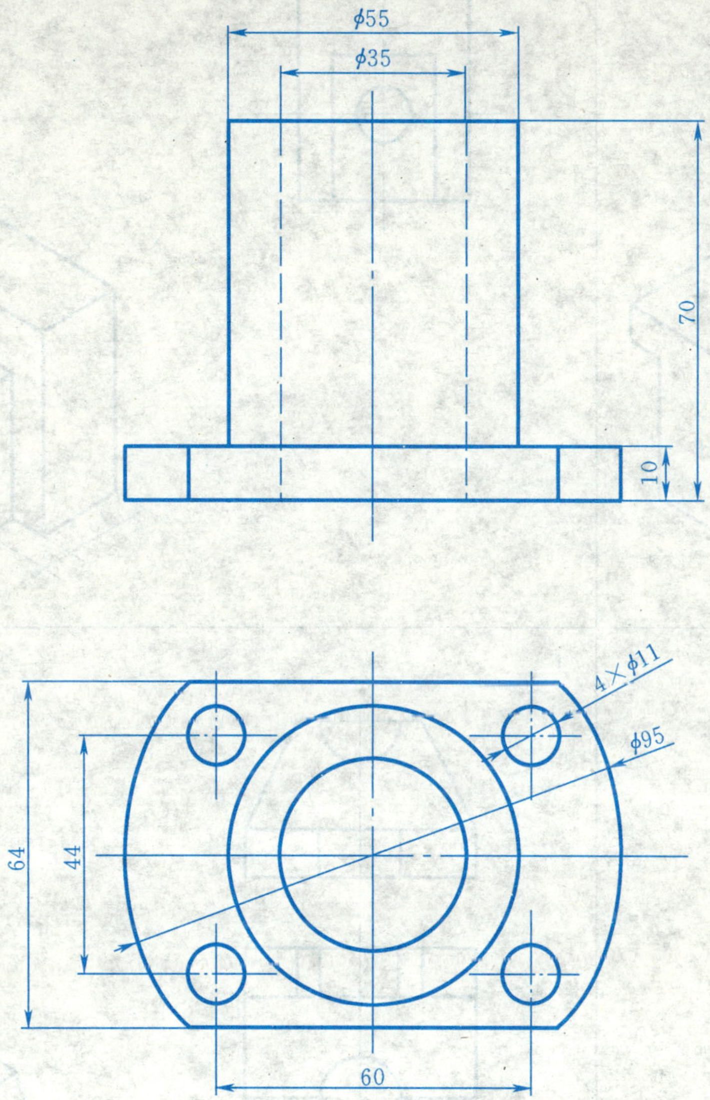

(2)

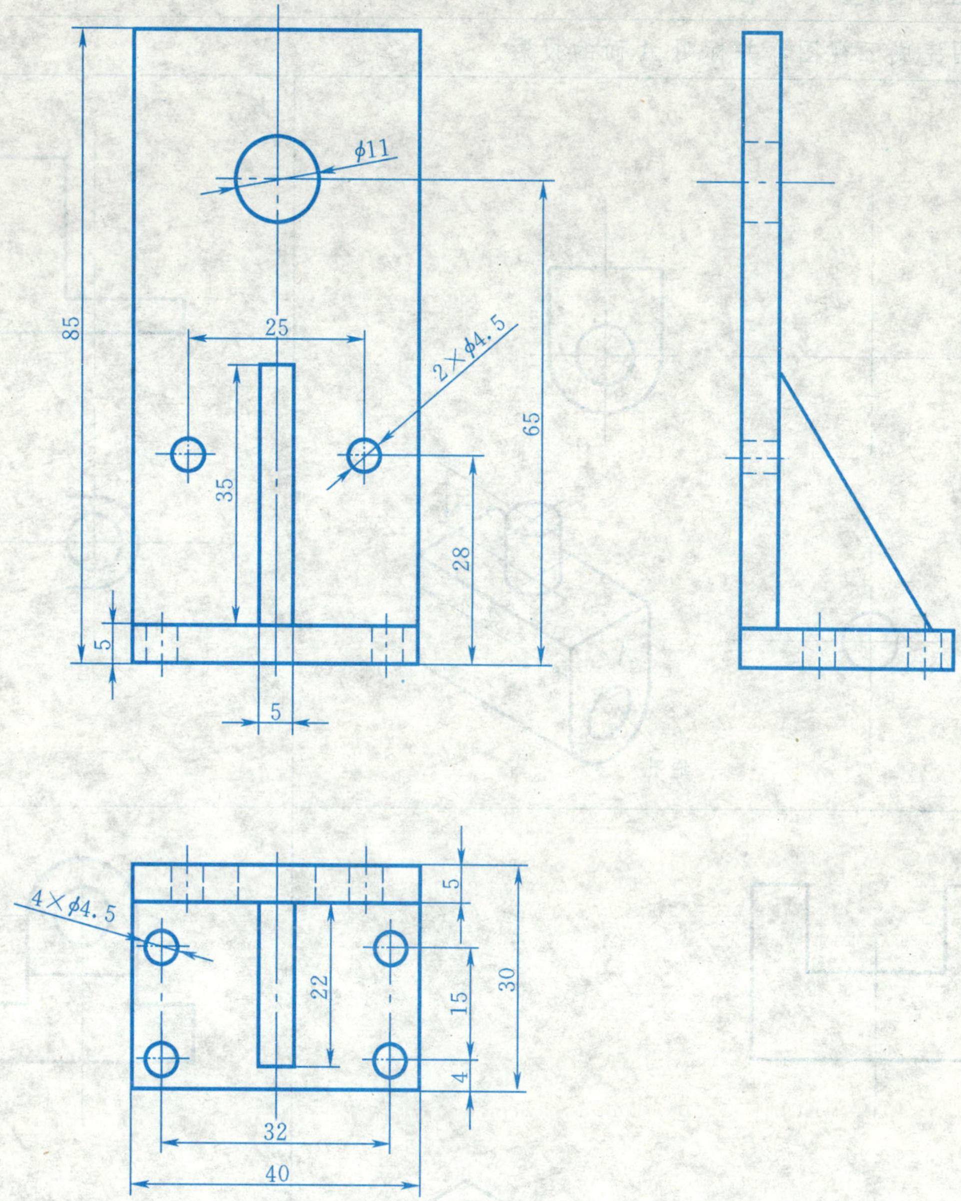

第5章 组合体视图

5.1 组合体的基本特性	班级		姓名		学号	

根据轴测图完成三视图，并标明 *A* 面的投影。

a.

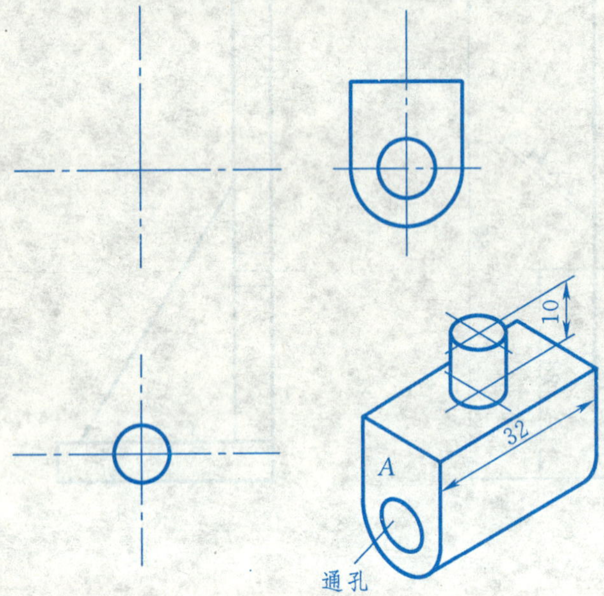

b.

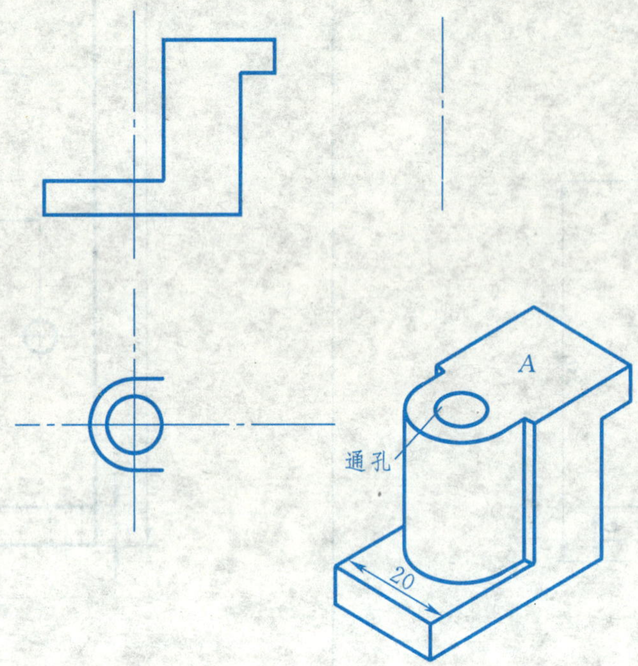

c.

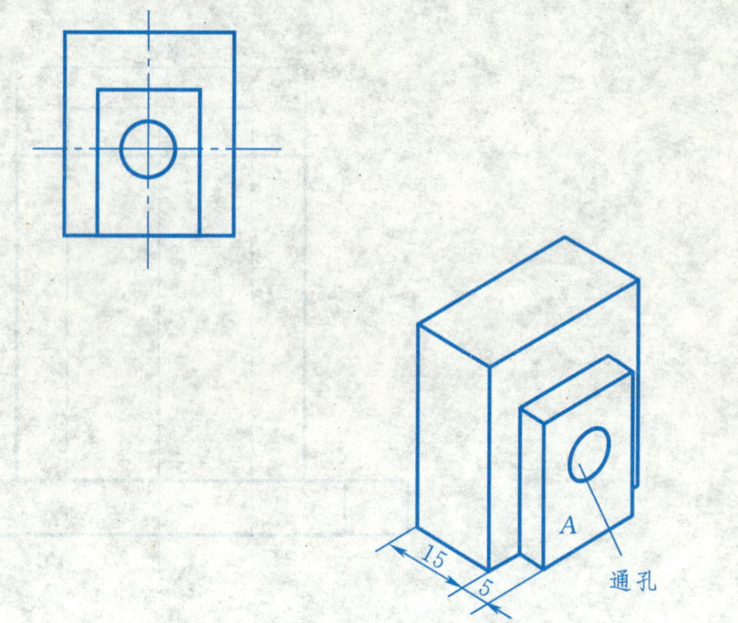

d.

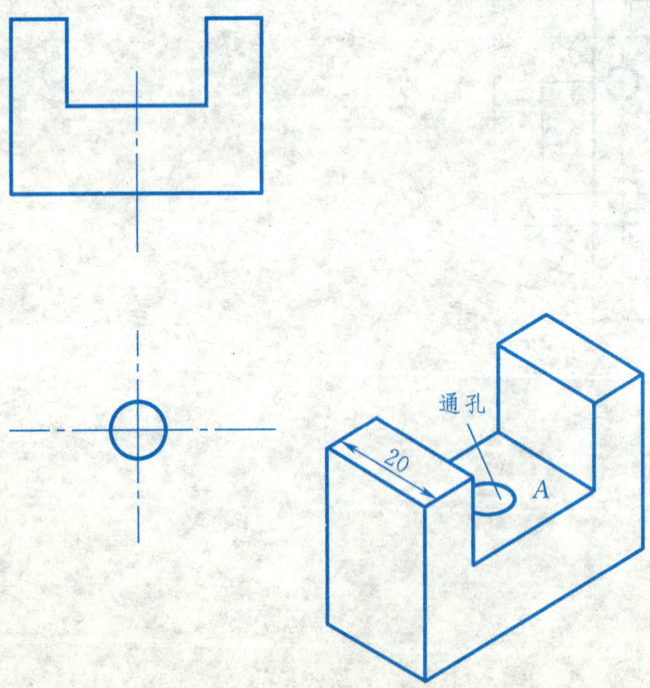

e.

f.

5.2 组合体的形成方式和过渡关系

班级		姓名		学号	

(1) 根据主视图，设计构思不同的组合体，并画出俯视图和左视图。

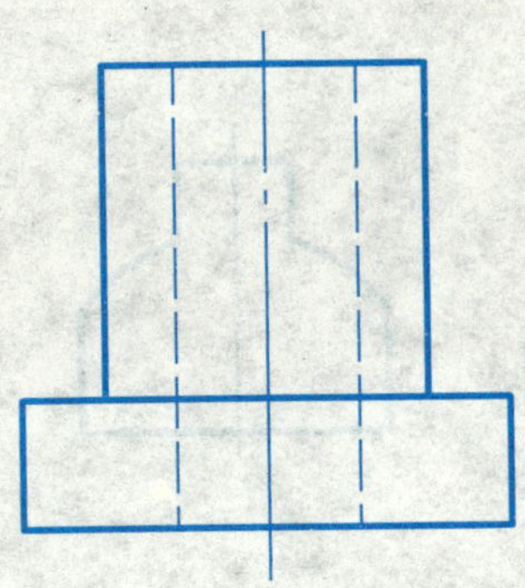

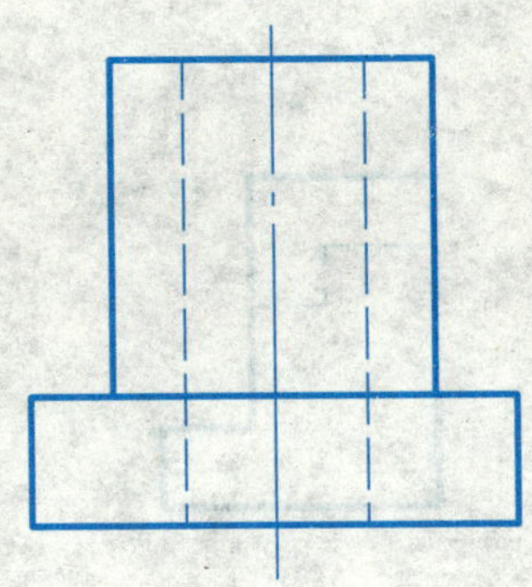

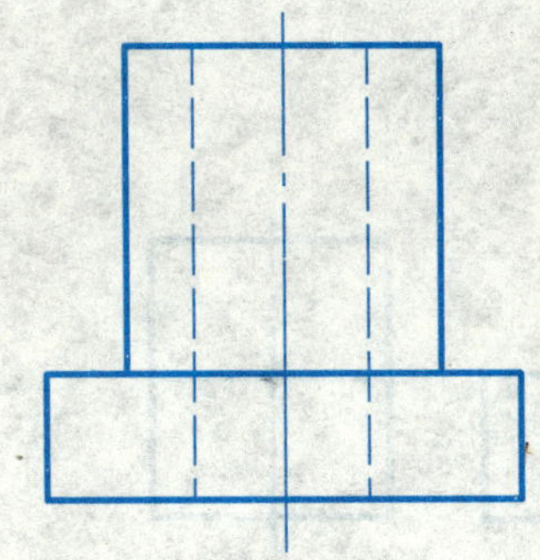

(2) 看懂图 (a)，参考图 (a) 所示主视图，设计构思出相应的不同的主视图。

(a)

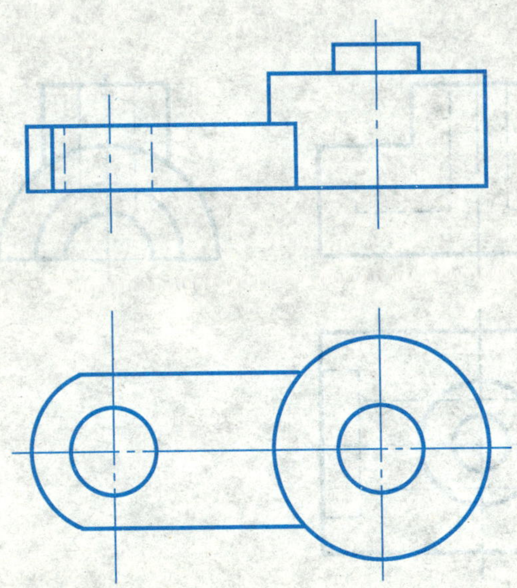

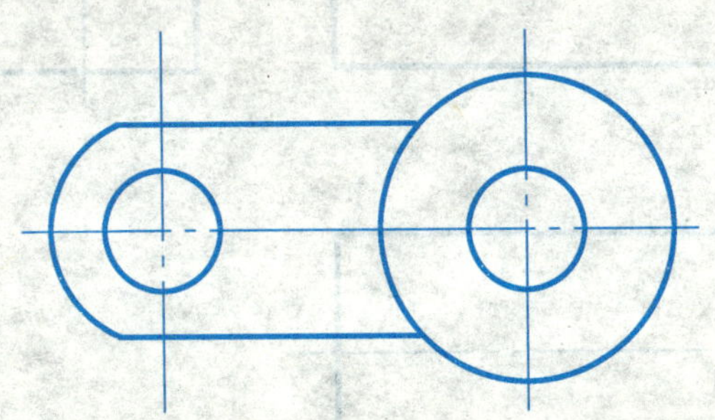

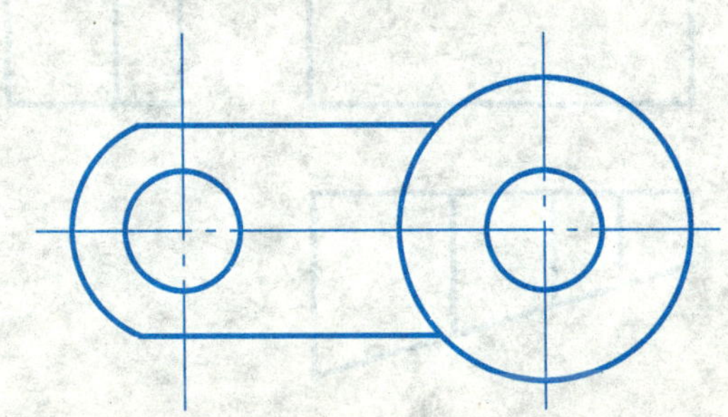

5.2 组合体的形成方式和过渡关系	班级		姓名		学号	

(3) 根据已知视图想象例题形状，并补画图中的漏线。

a.

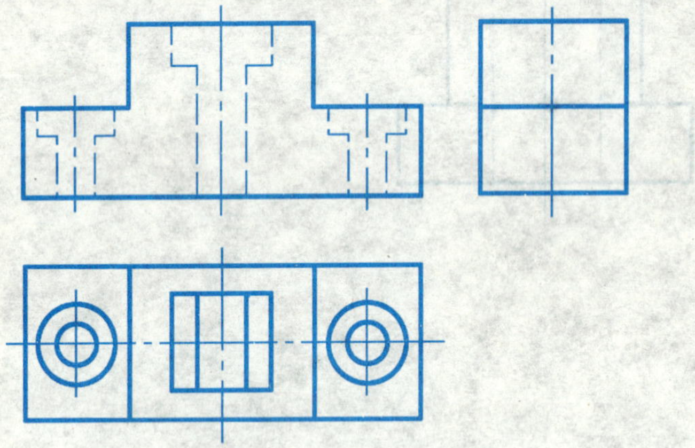

b.

c.

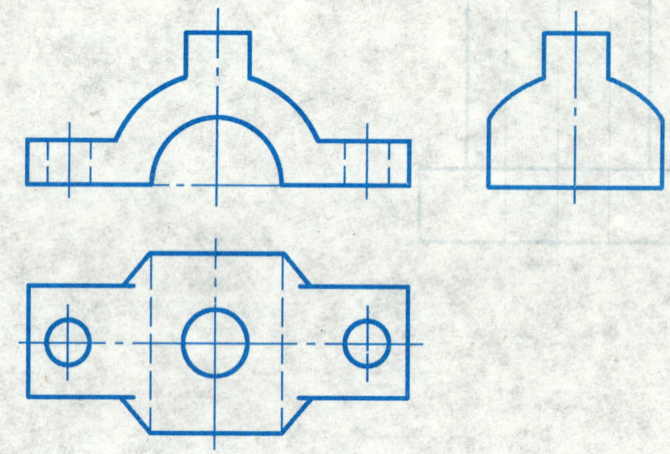

d.

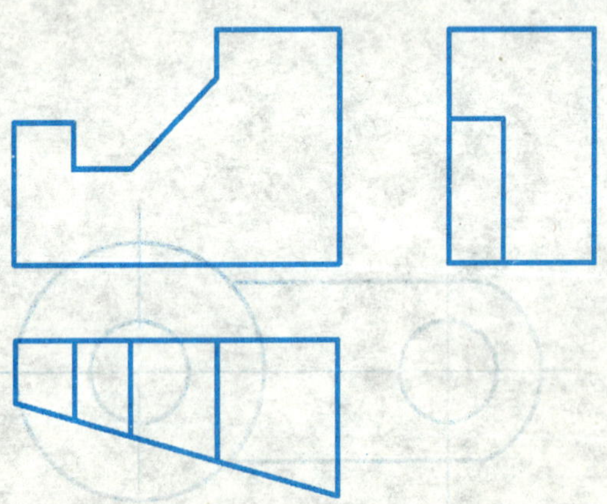

e.

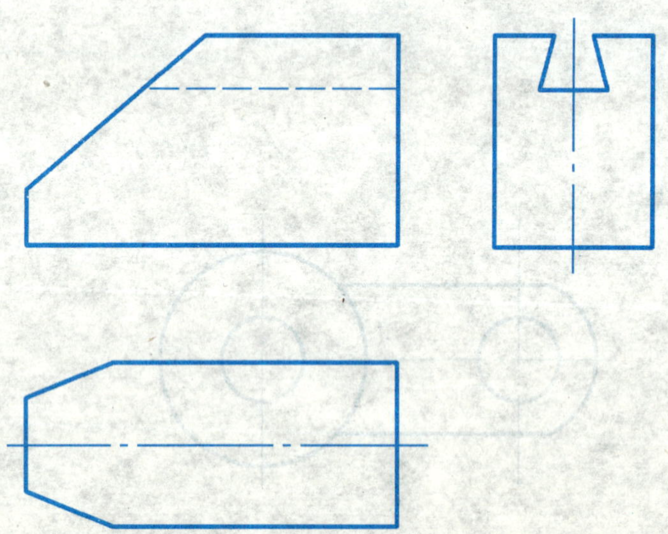

f.

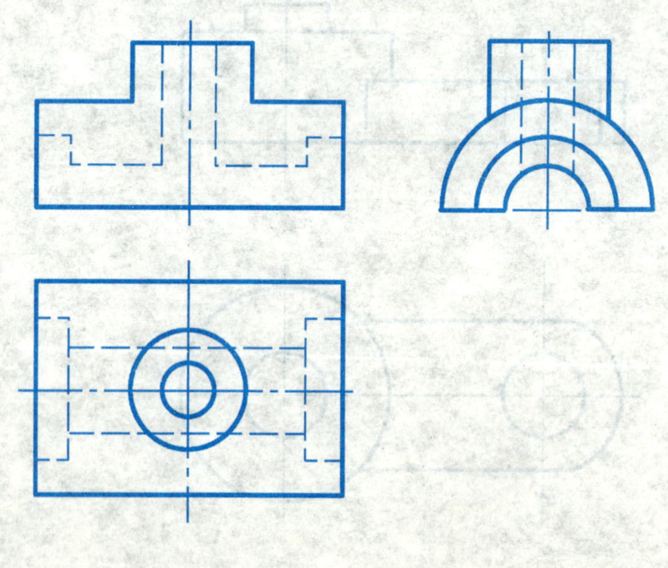

5.3 组合体视图的绘制	班级		姓名		学号	

根据轴测图，以 1∶1 画出物体的三视图。

a.

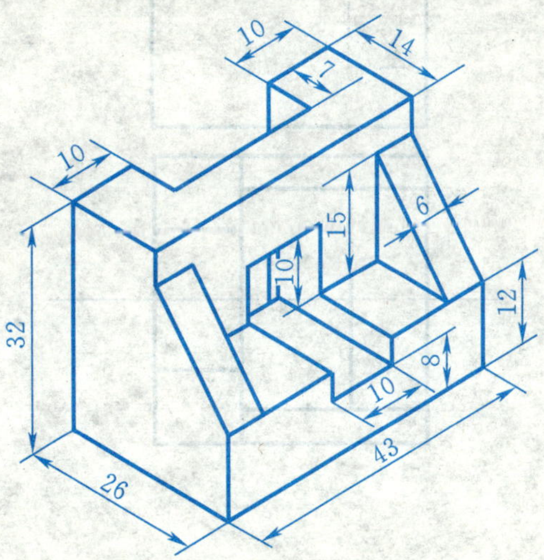

b.

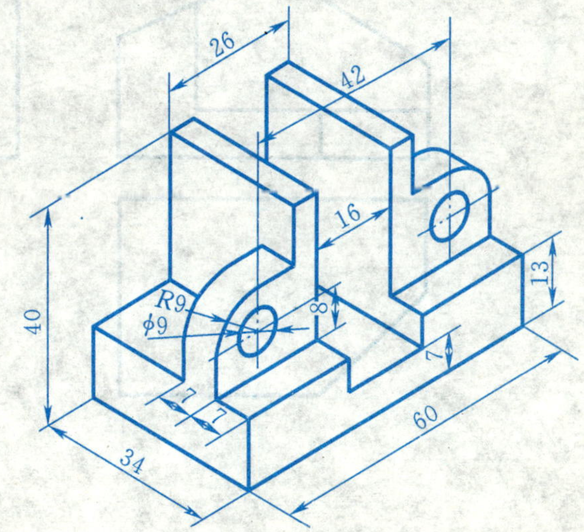

5.4 读组合体视图	班级		姓名		学号	

(1) 根据给出视图，想象出空间形状，补全视图所缺图线。

a.

b.

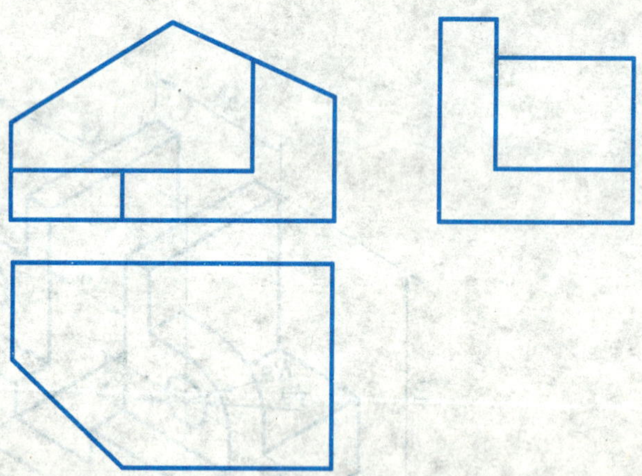

c.

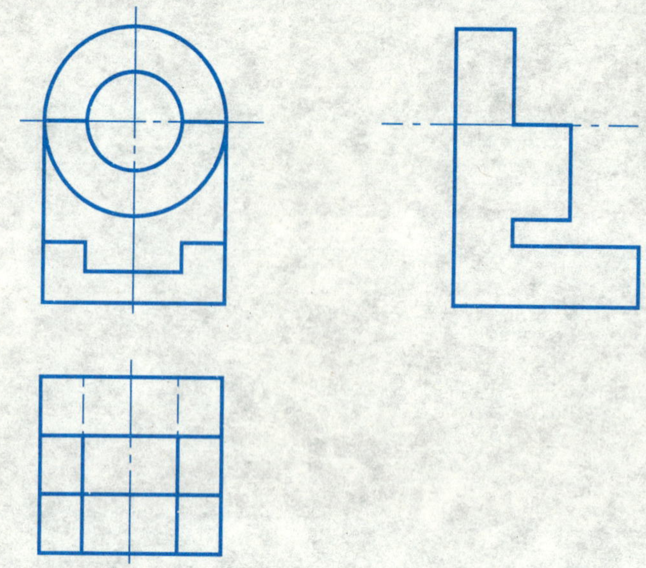

d.

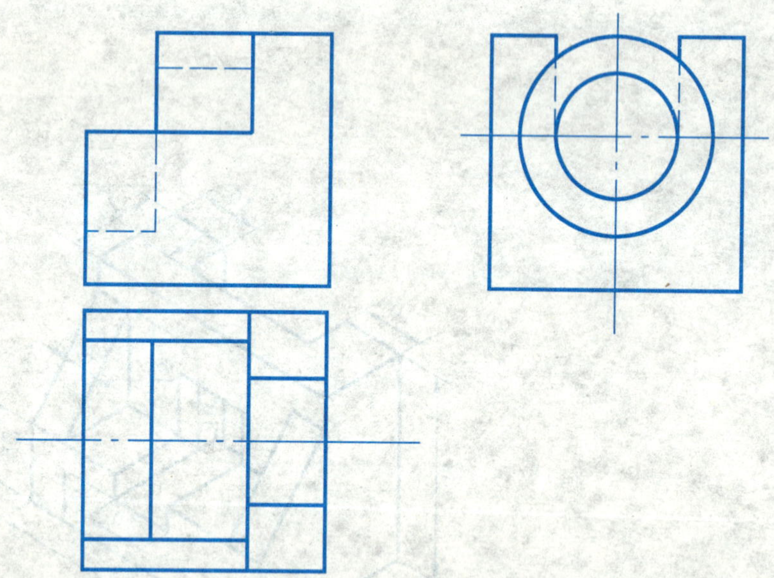

5.4 读组合体视图	班级		姓名		学号	

(2) 根据给出的两个视图，想象出空间形状，完成第三视图。

a.

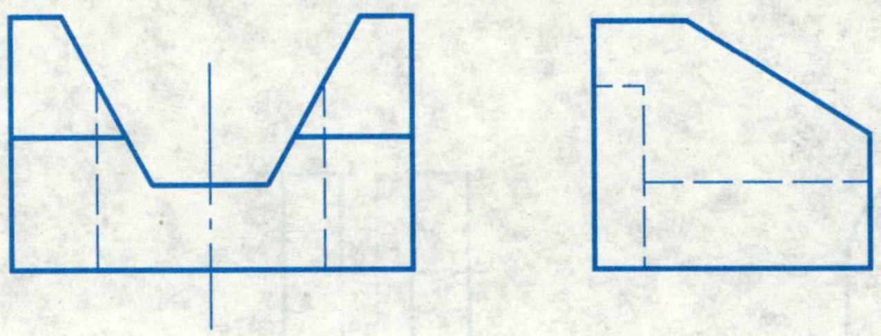

b.

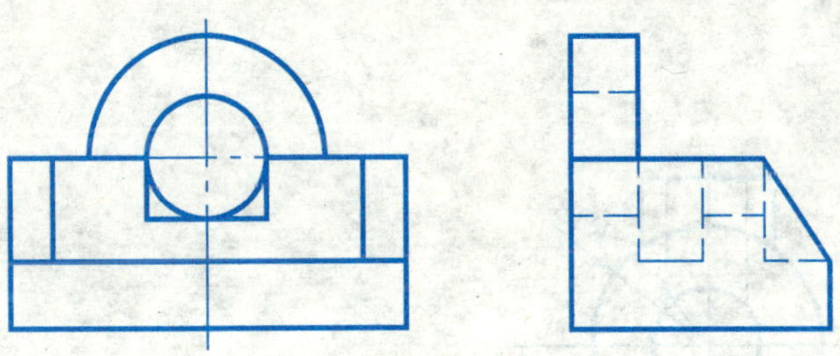

c.

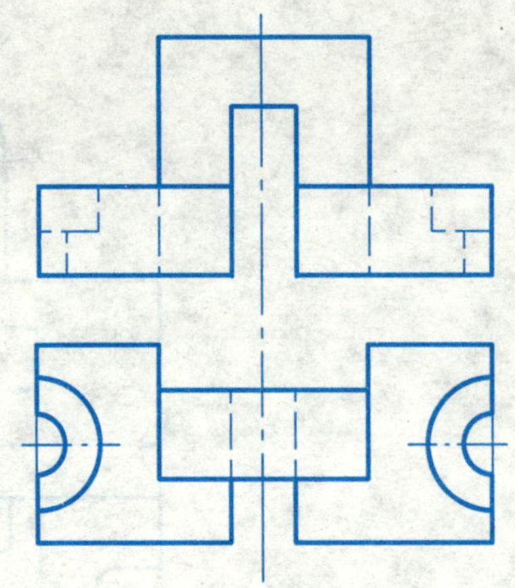

d.

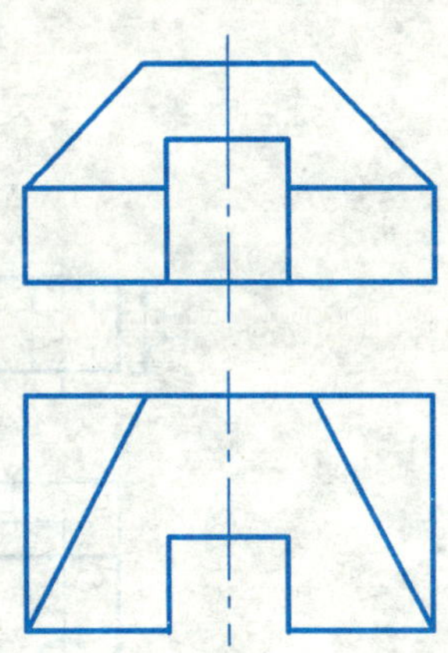

e.

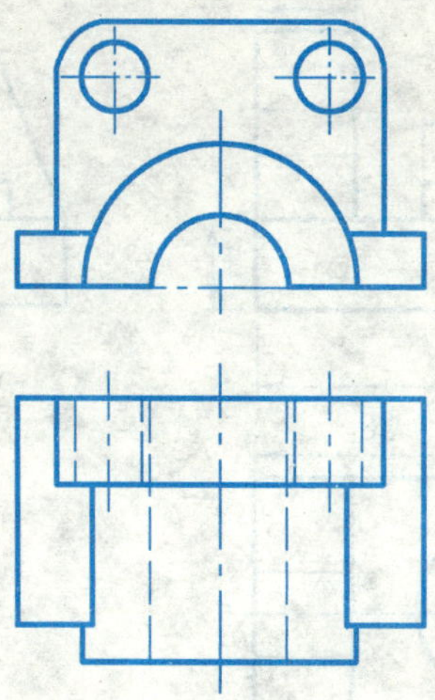

f.

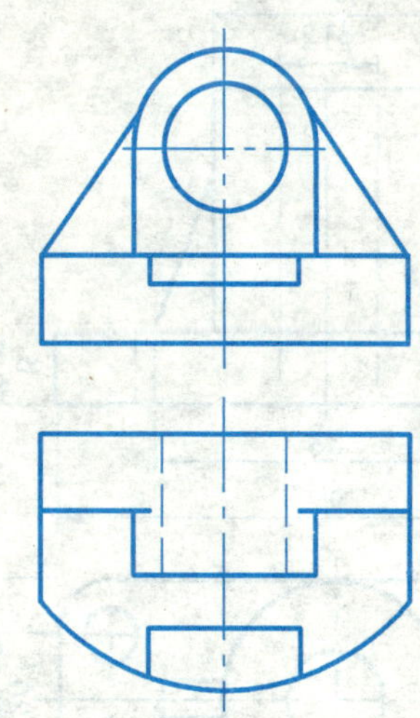

5.5 尺寸标注	班级		姓名		学号	

补全三视图中所缺漏的尺寸，每题均漏四个尺寸（尺寸数字从图中按比例 1∶1 量取，取整数）。

(1)

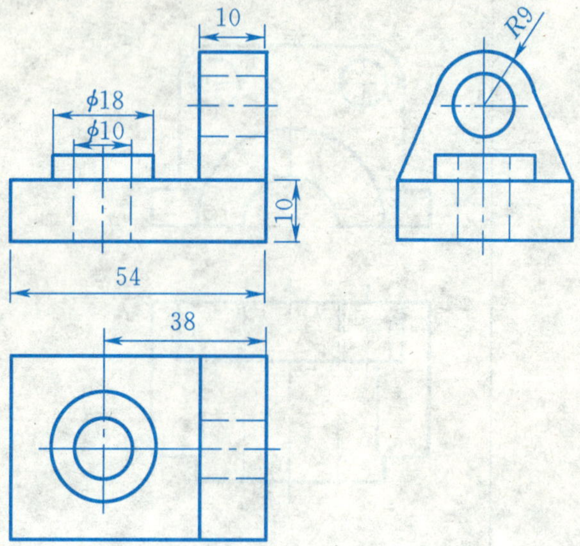

(2)

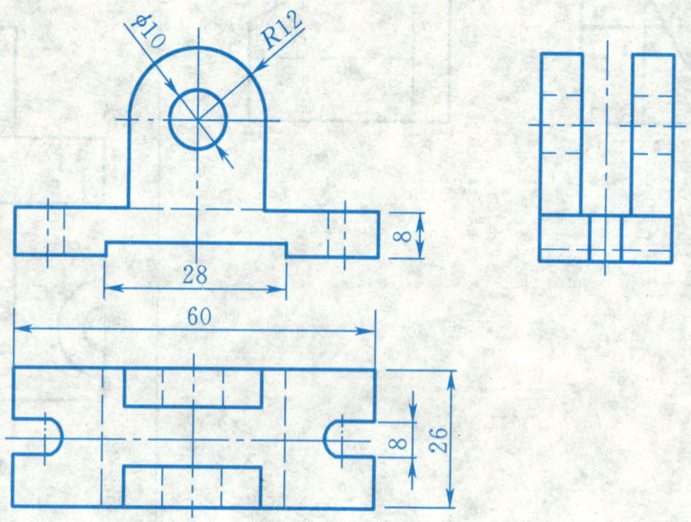

(3)

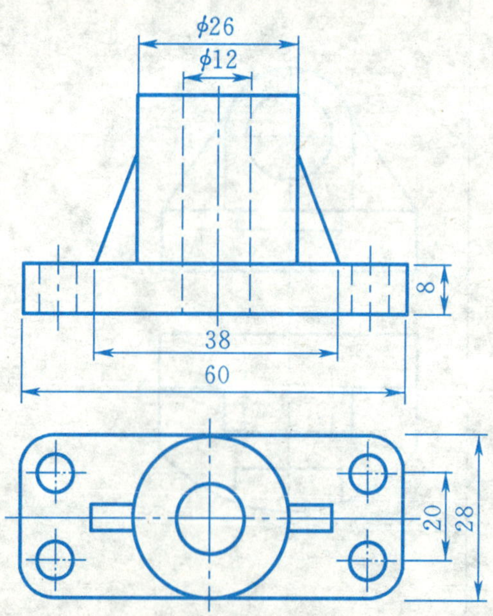

(4)

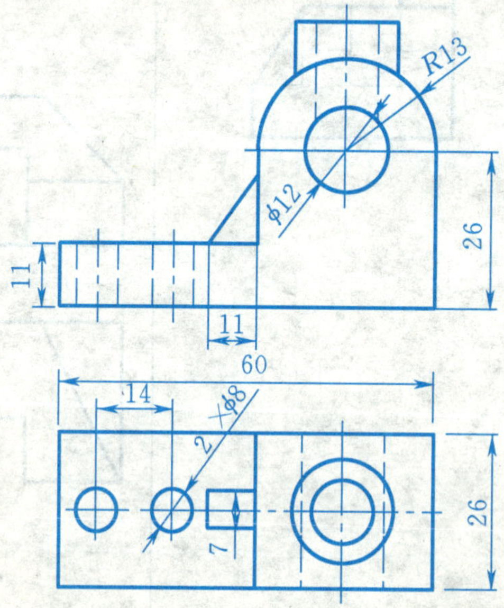

5.6 绘图作业：画三视图

班级		姓名		学号	

(1) 根据轴测图，绘制组合体的三视图，并标注尺寸。

一、作业目的

(1) 练习运用形体分析法绘制组合体的三视图，标注组合体的尺寸。

(2) 练习合理地布置三视图。

二、作业要求

(1) 用三视图正确地表达组合体的形状。

(2) 正确、完全、清晰地标注组合体尺寸。

(3) 图纸布置力求均匀、美观。

三、作业提示

(1) 绘图之前先对所绘制的组合体进行形体分析，以图中所示方向为主视图的投射方向。

(2) 绘图时首先确定三个视图的位置，分别画出三个视图的基准线，注意留出尺寸标注的空间。

(3) 采用 A3 幅面图纸，采用恰当比例。

(4) 标注尺寸请勿完全照搬轴测图的尺寸注法，需重新考虑尺寸配置的方案。

(5) 图名为“组合体三视图（一）”，图号为“05.01”。

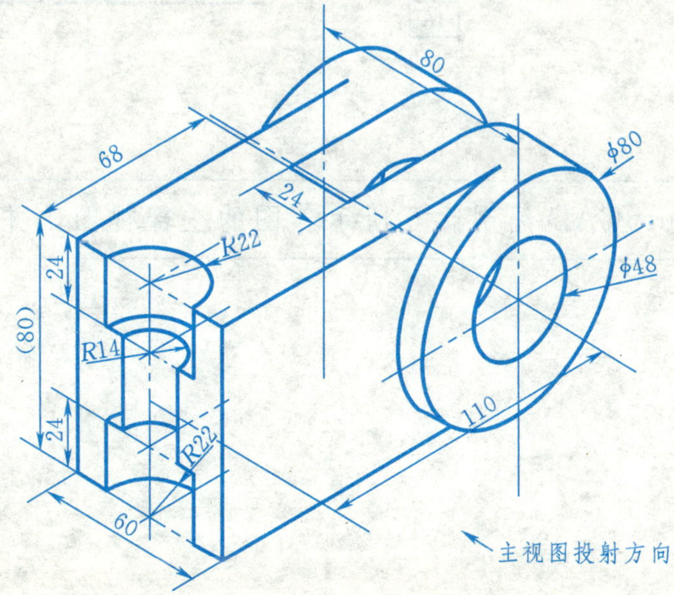

主视图投射方向

(2) 根据给出的两个视图，想象出组合体的空间形状，绘制第三视图，并标注全部尺寸（任选一题）。

一、作业目的

(1) 练习综合运用形体分析法和线面分析法分析复杂的组合体，看懂视图，想象空间形体。

(2) 练习正确识别和绘制相贯线和截交线，进一步提高读图、分析和绘图能力。

二、作业要求

(1) 读懂已知两个视图表示的组合体形状，正确绘制三视图。

(2) 正确绘制相贯线和截交线。

(3) 正确、完全、清晰地标注组合体尺寸。

三、作业提示

(1) 绘图之前先根据给出的两个视图想象出组合体的空间形状。

(2) 分析相邻表面所产生的交线（相贯线和截交线）。

(3) 采用 A3 幅面图纸，采用恰当的比例作图。

(4) 标注尺寸不必与题目中已知的尺寸注法相同，三个视图完成后可以重新考虑尺寸配置方案。

(5) 图名为“组合体三视图（二）”，图号为“05.02”。

5.6 绘图作业:画三视图	班级		姓名		学号	

a.

b.

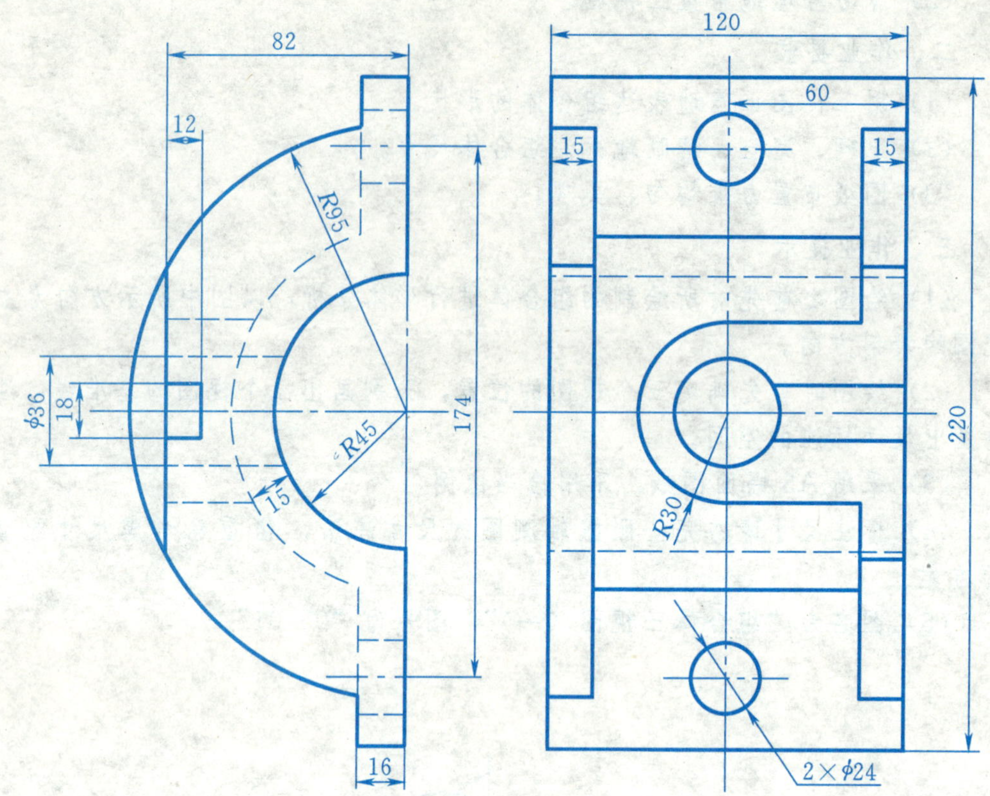

5.7 应用 AutoCAD 绘制 5.6 所示各图的全部视图，并标注尺寸

第6章 形体常用表达方法

6.1 根据轴测图补全三视图	班级		姓名		学号	
补全下列图形中所缺的图线。						

a.

c.

b.

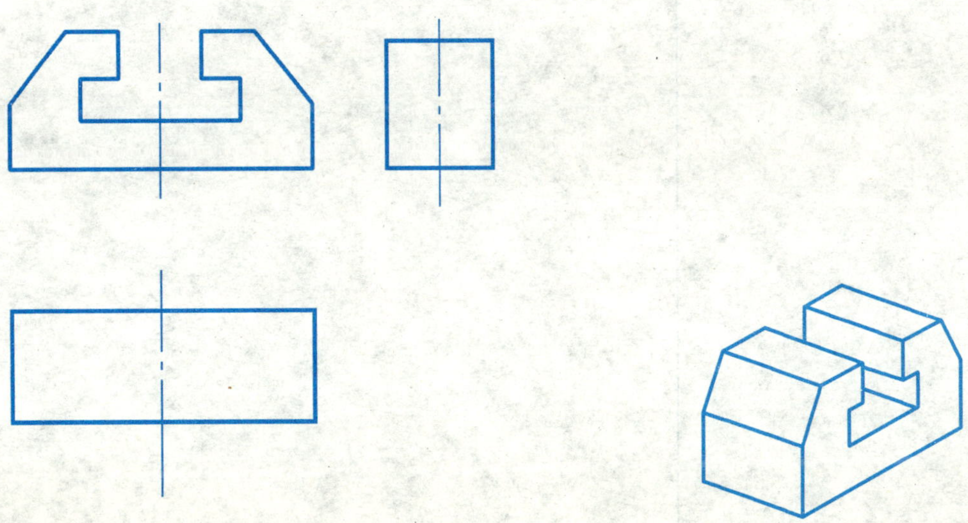

d.

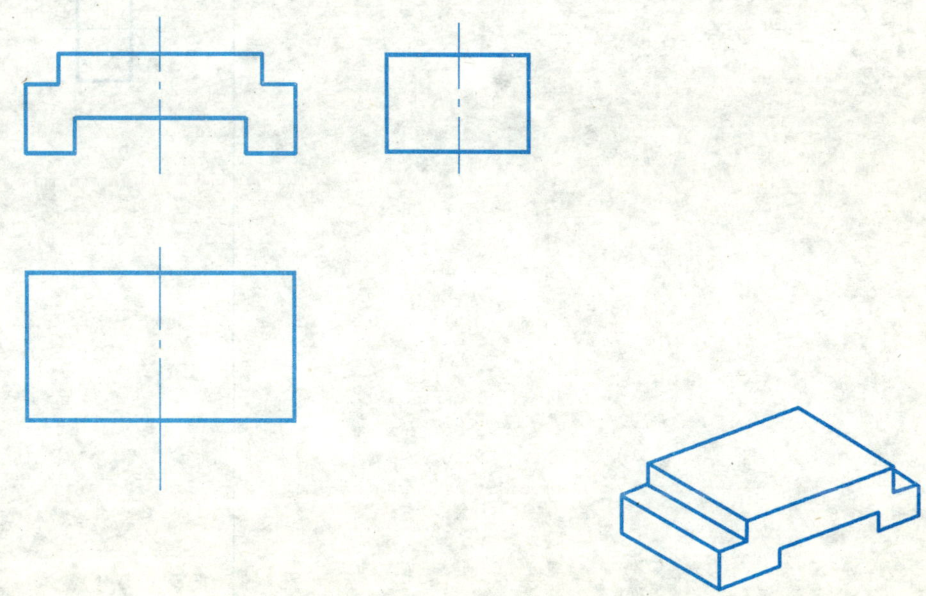

6.2 向视图、斜视图和局部视图

班级		姓名		学号	

(1) 根据三视图，作 A 向和 B 向的向视图。

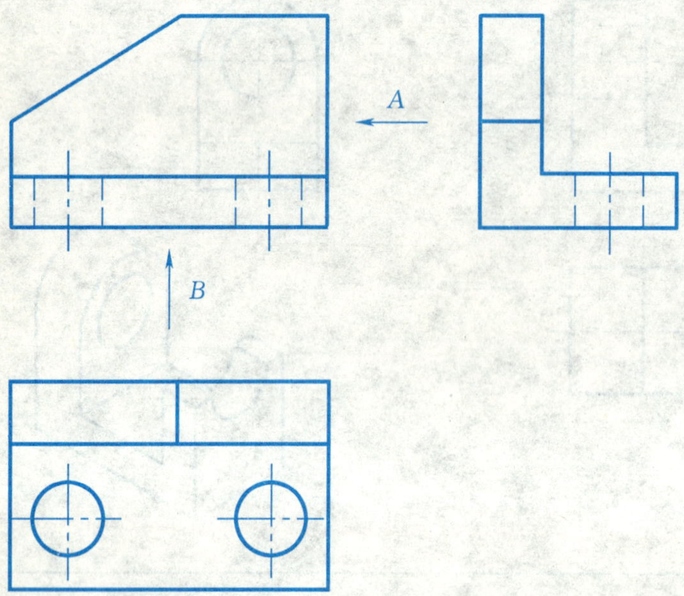

(2) 已知二视图作 A 向斜视图。

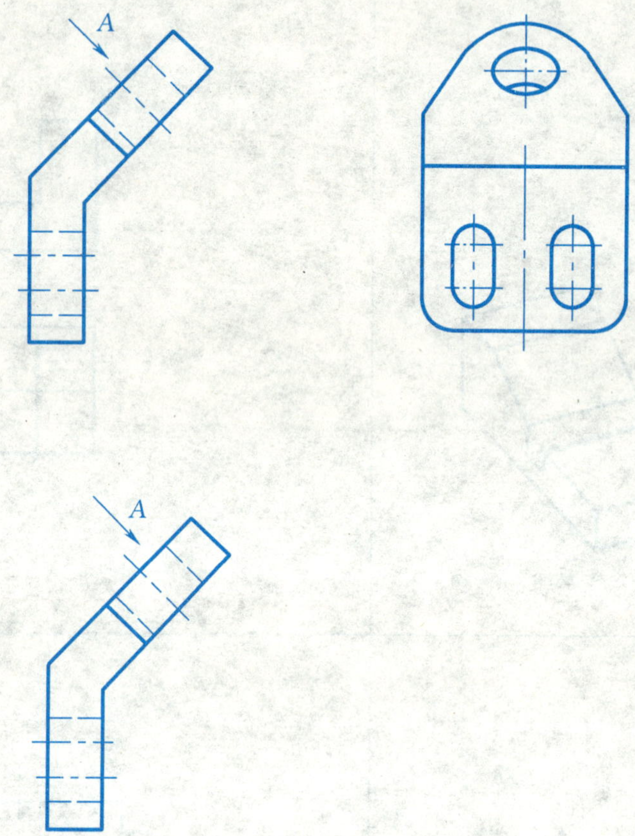

(3) 根据三视图，作 A 向和 B 向的局部视图。

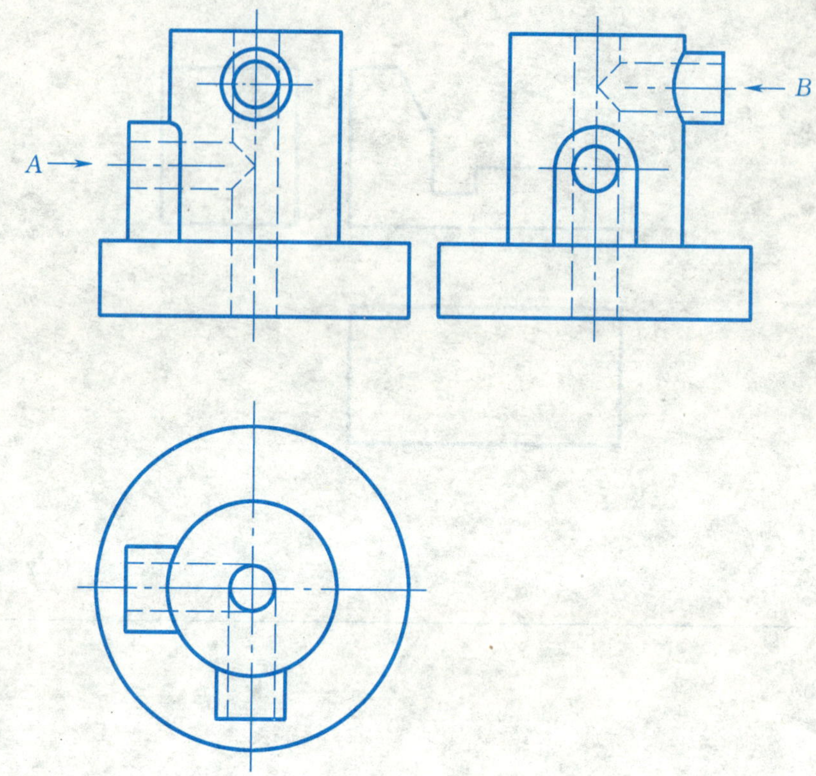

(1) 画左视图全剖视图。

(2) 把主视图改为全剖视图。

a.

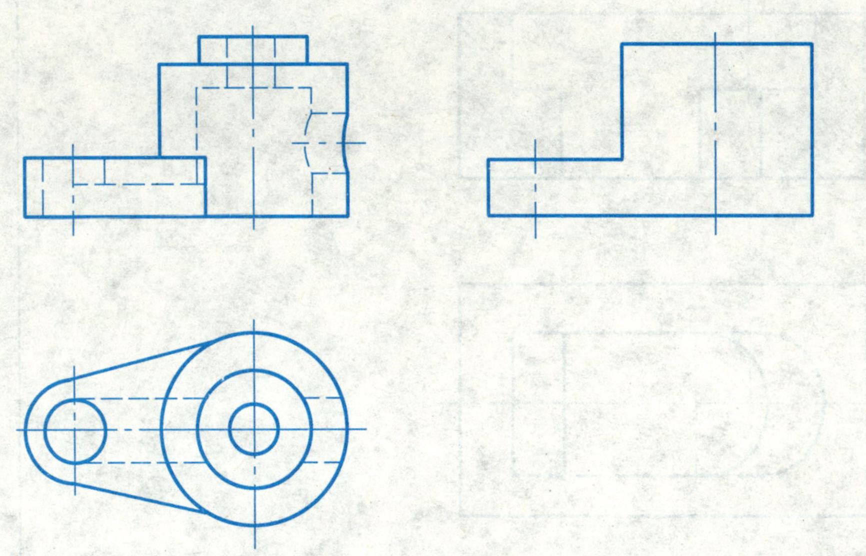

b.

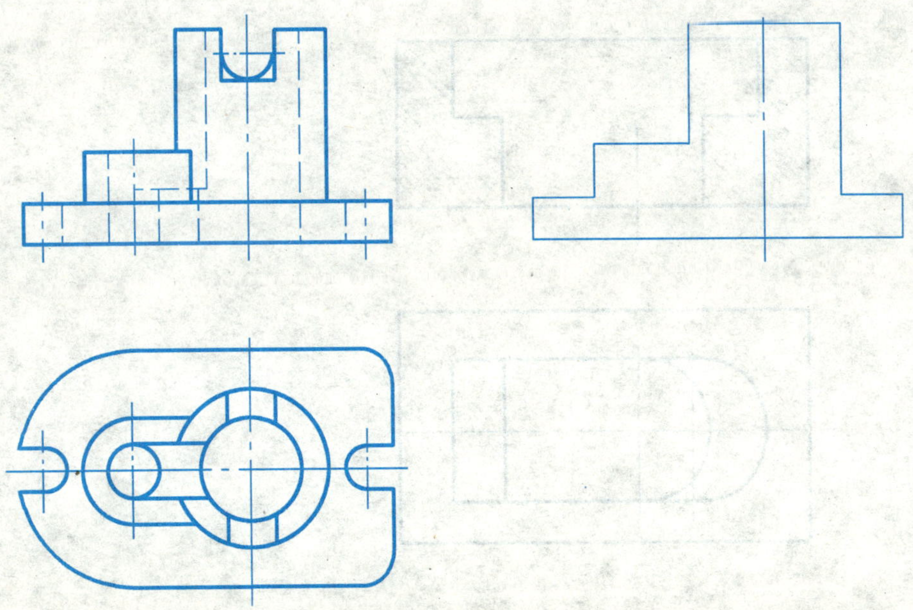

c.

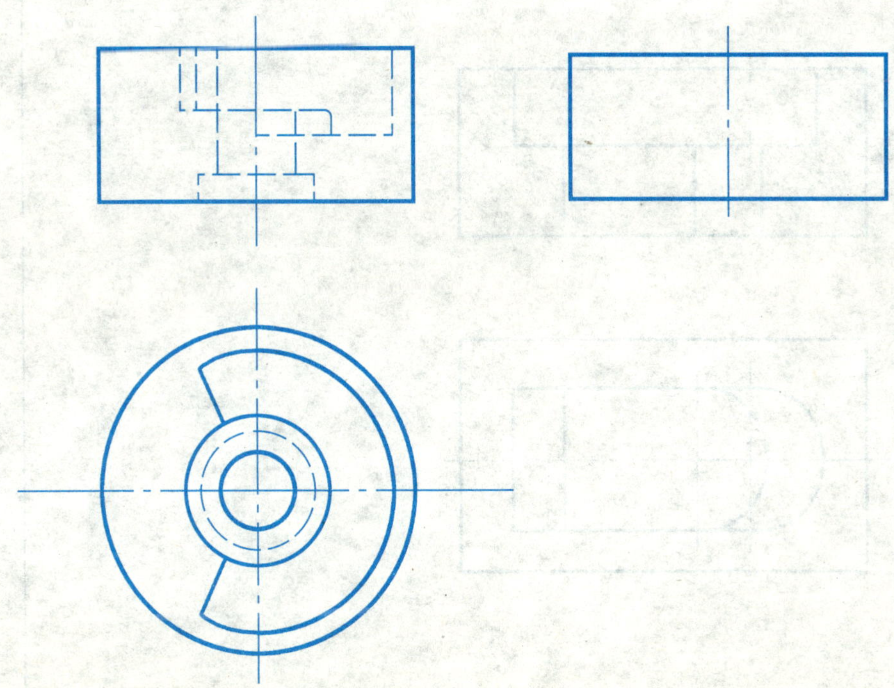

6.4 找出并改正下列剖视图中多余或所缺的线条

班级		姓名		学号	

a.

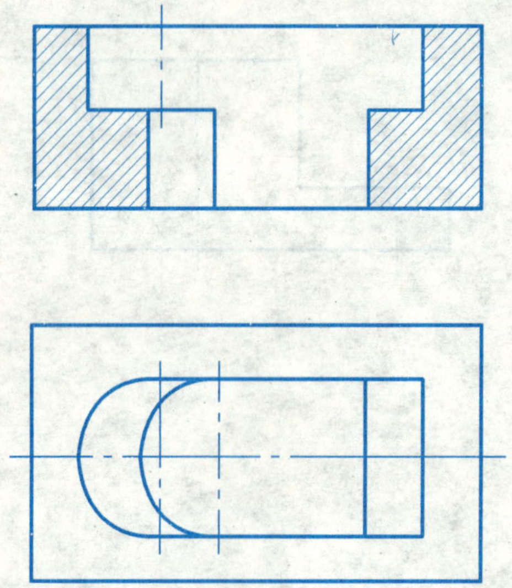

b.

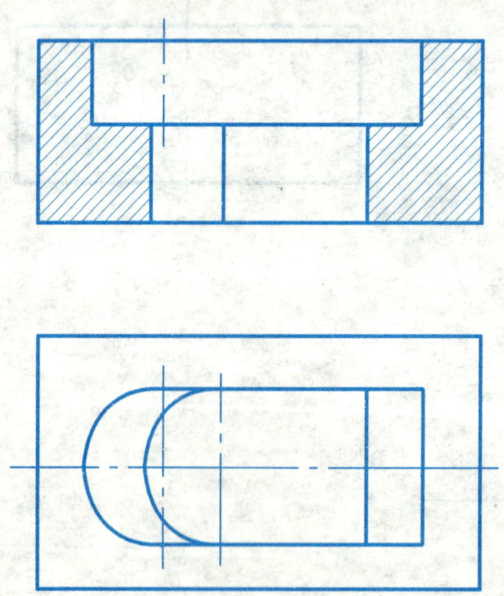

c.

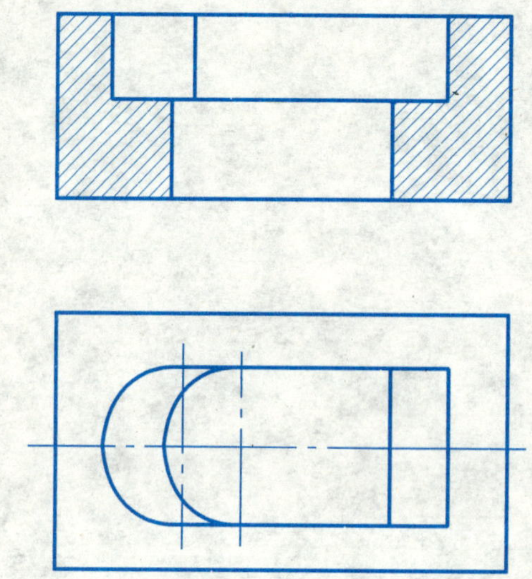

d.

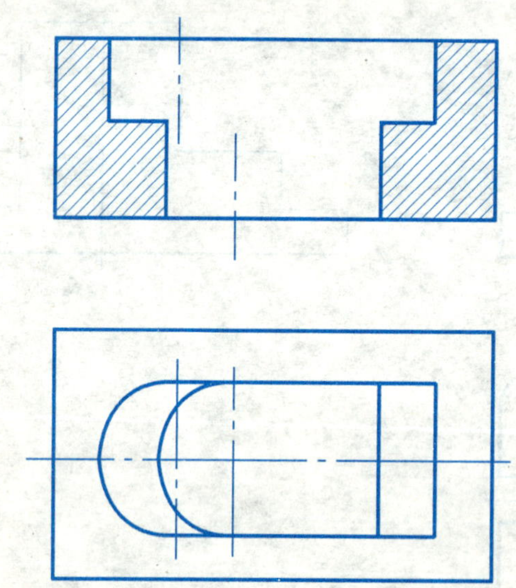

6.5 半剖视图

班级　　姓名　　学号

(1) 将主视图画成半剖视图。

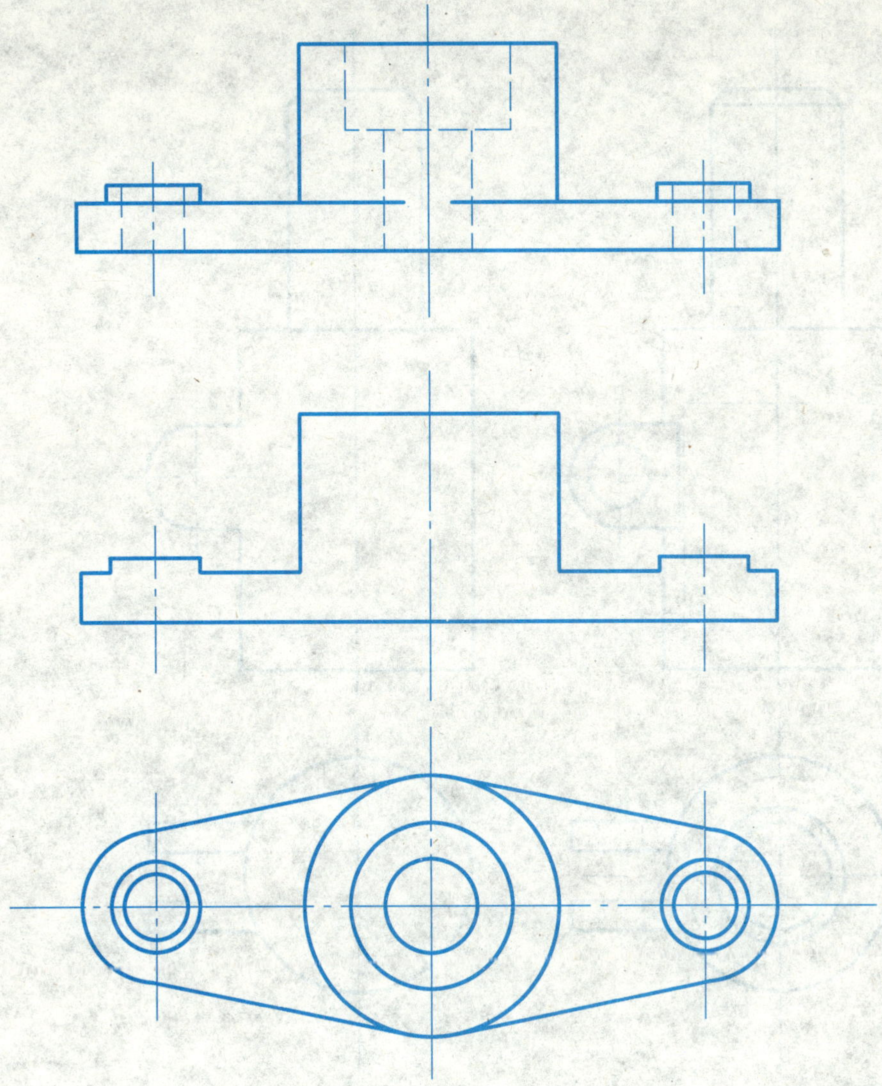

*(2) 将主视图、俯视图画成半剖视图。

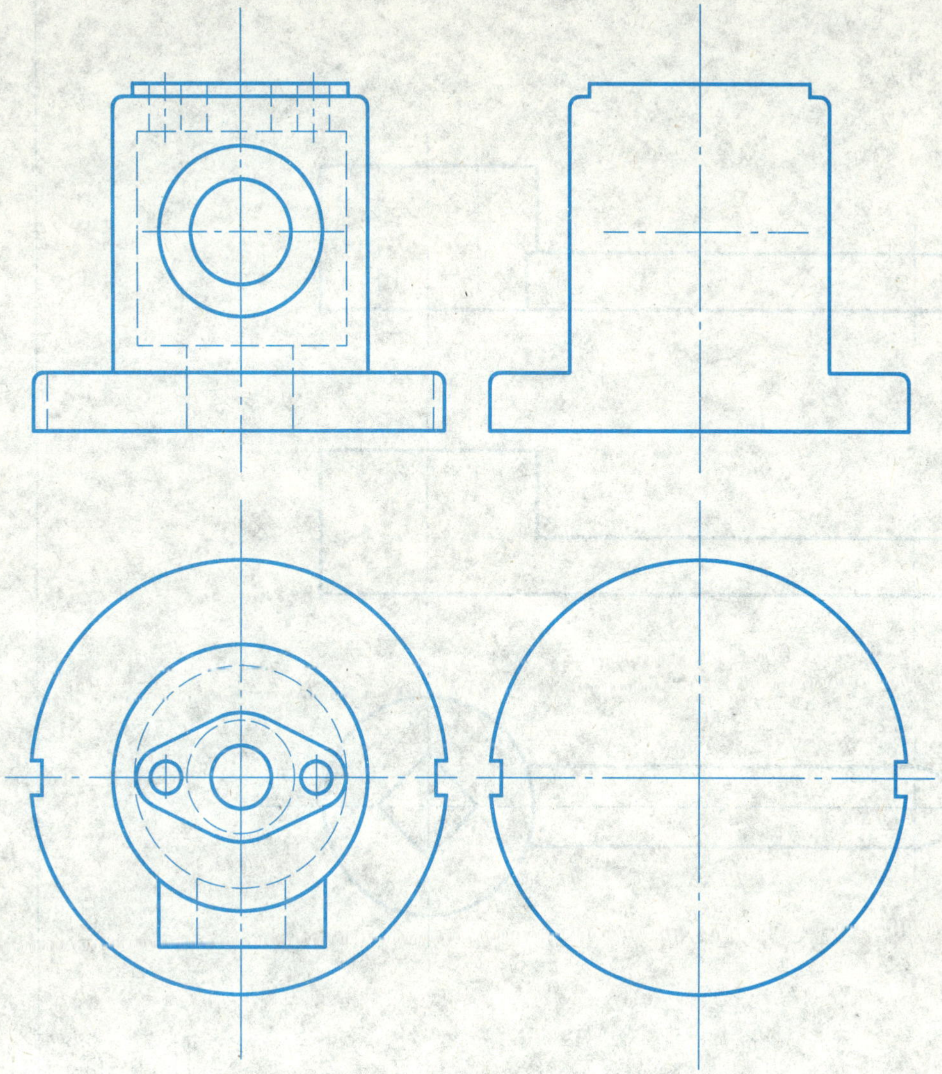

6.6 局部剖视图

班级		姓名		学号	

(1) 将主视图画成局部剖视图。

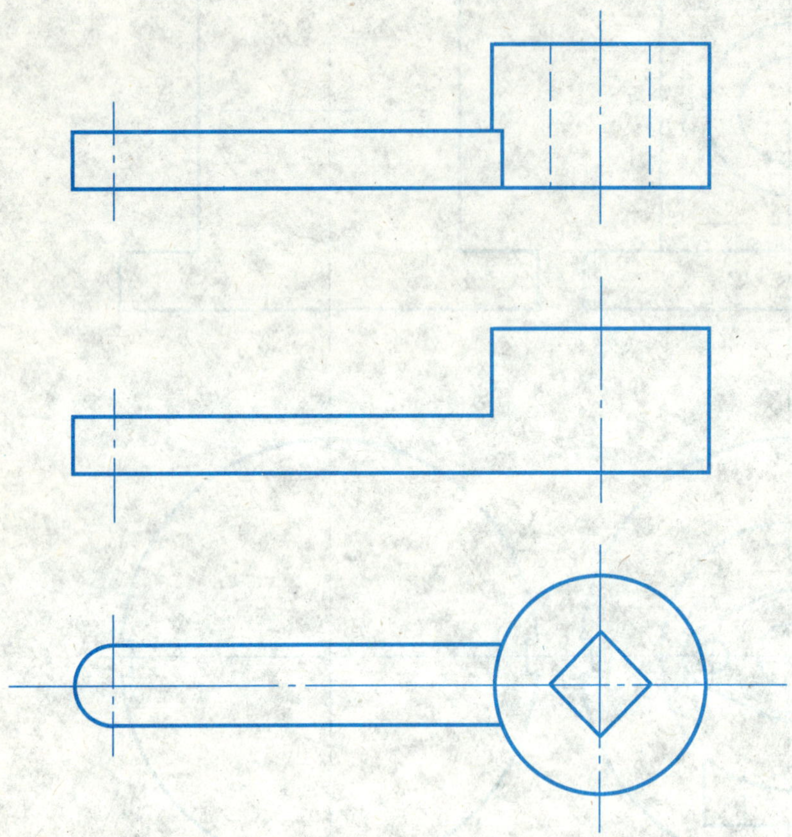

*(2) 将主视图、俯视图画成局部剖视图。

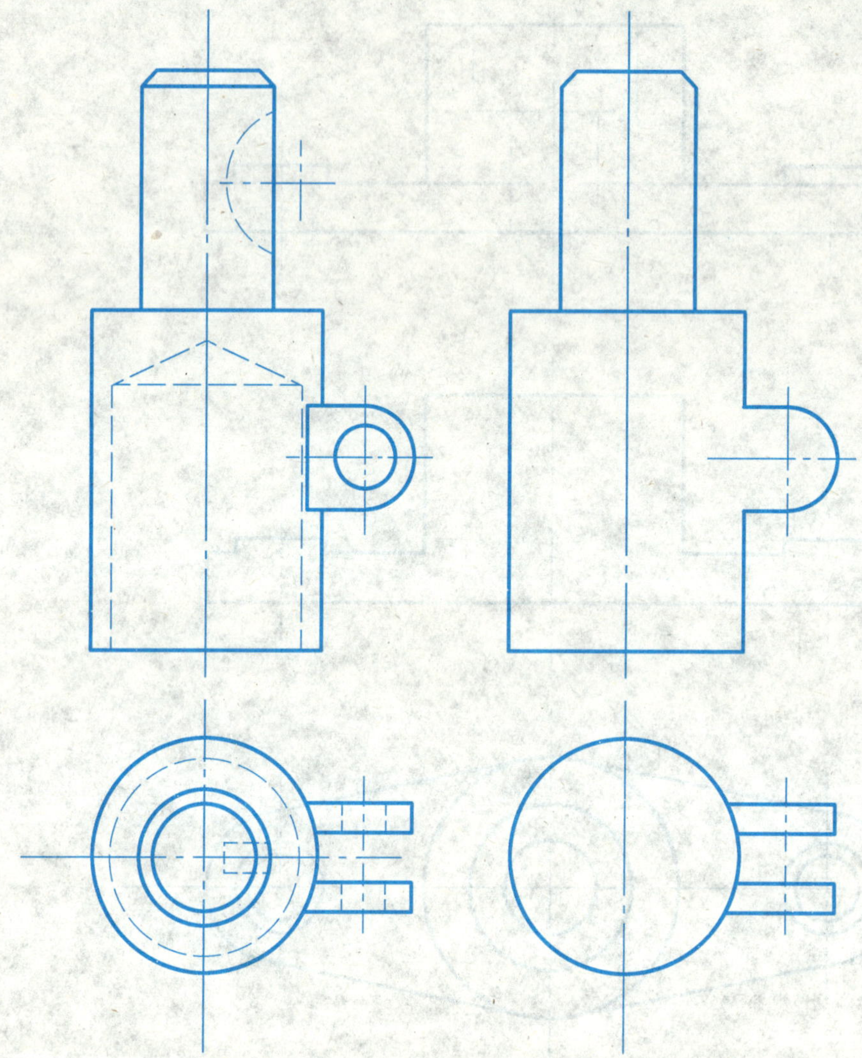

6.6 局部剖视图

班级　　　姓名　　　学号

(3) 找出并改正下列剖视图中标注及画法的错误。

a.

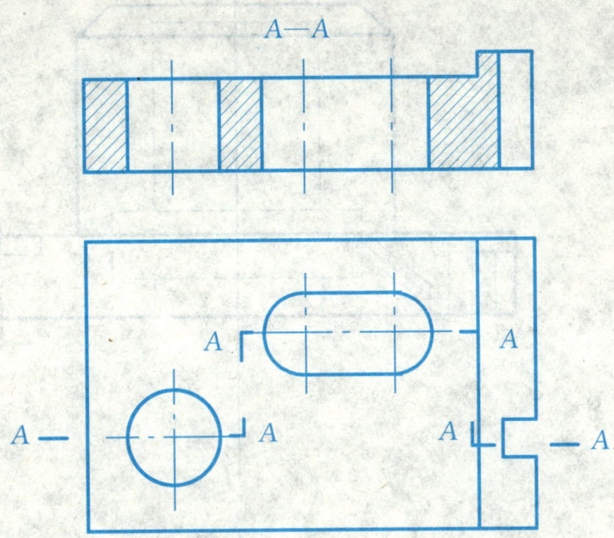

b.

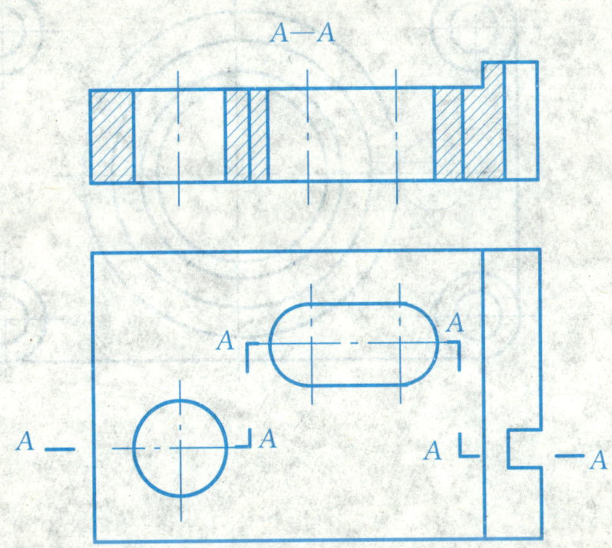

c.

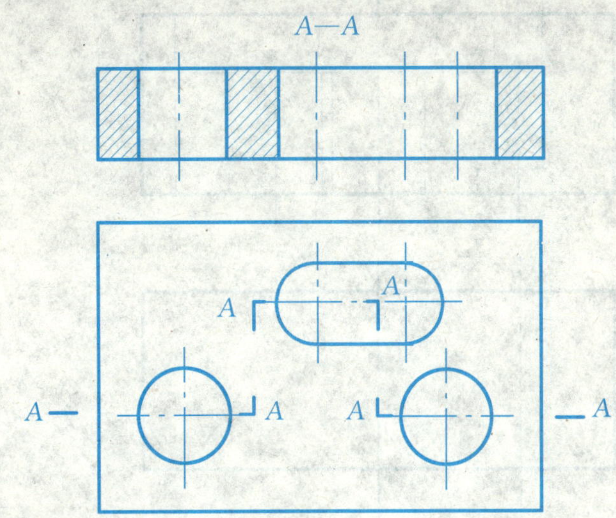

d.

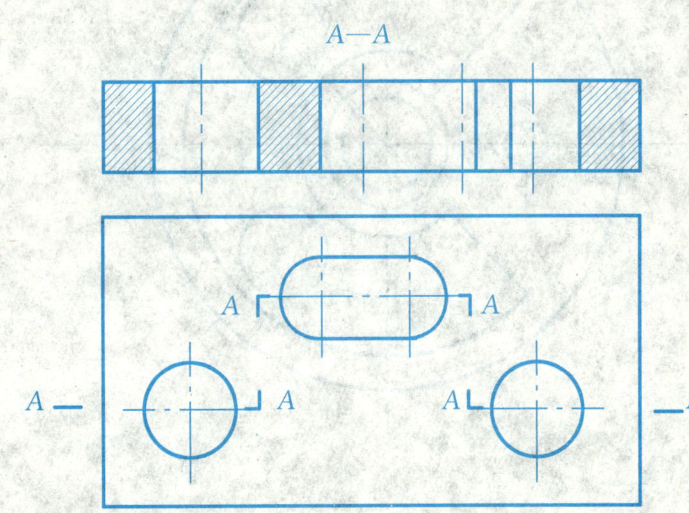

(1) 将主视图画成旋转剖视图。

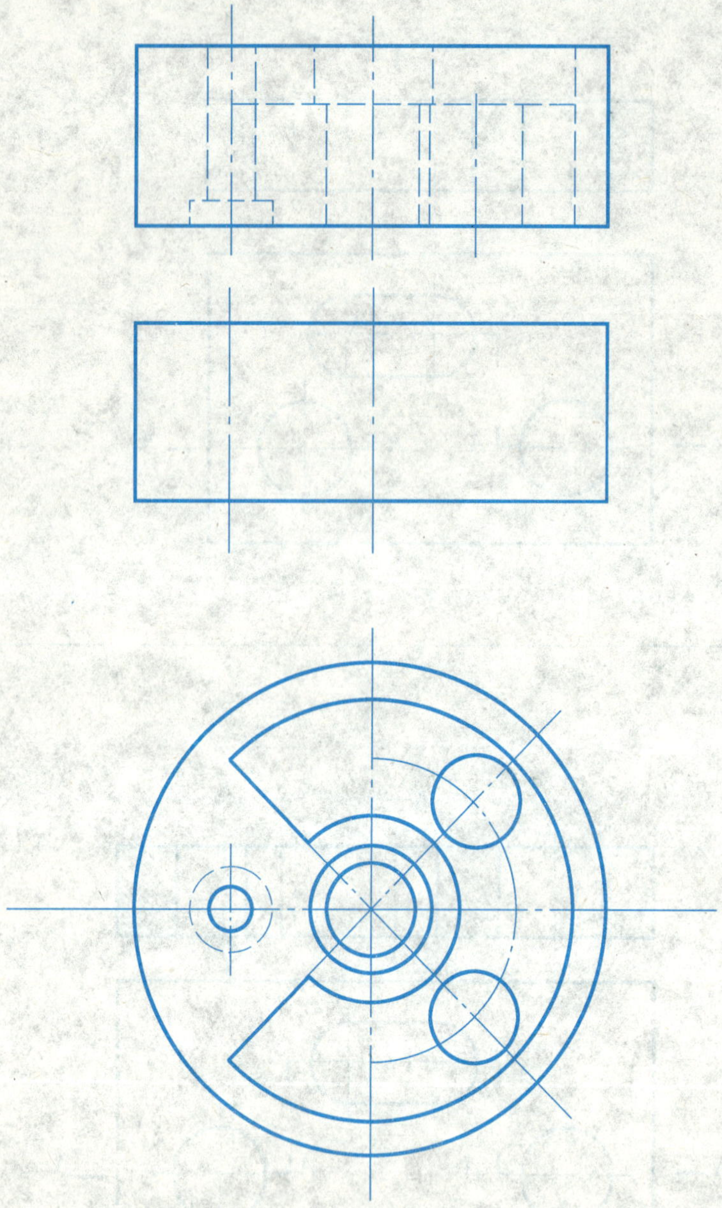

(2) 用阶梯剖将主视图画成全剖视图。

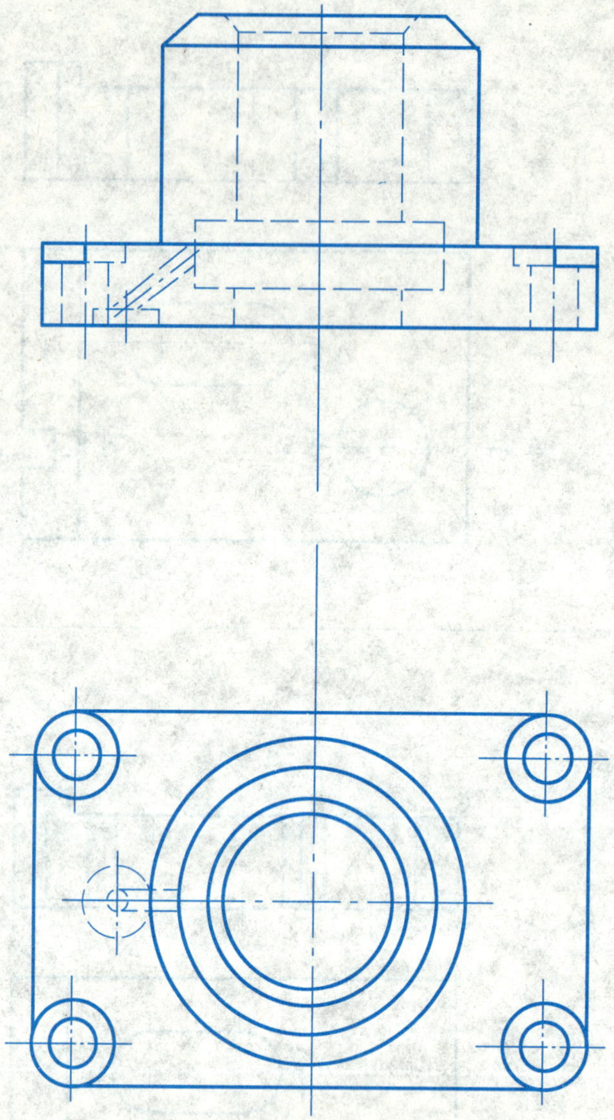

6.8 肋板的剖视图

班级		姓名		学号	

(1) 将主视图画成适当剖视图，在 *A*—*A* 处作移出剖面，标注尺寸（数值从图中量出，取整数）。

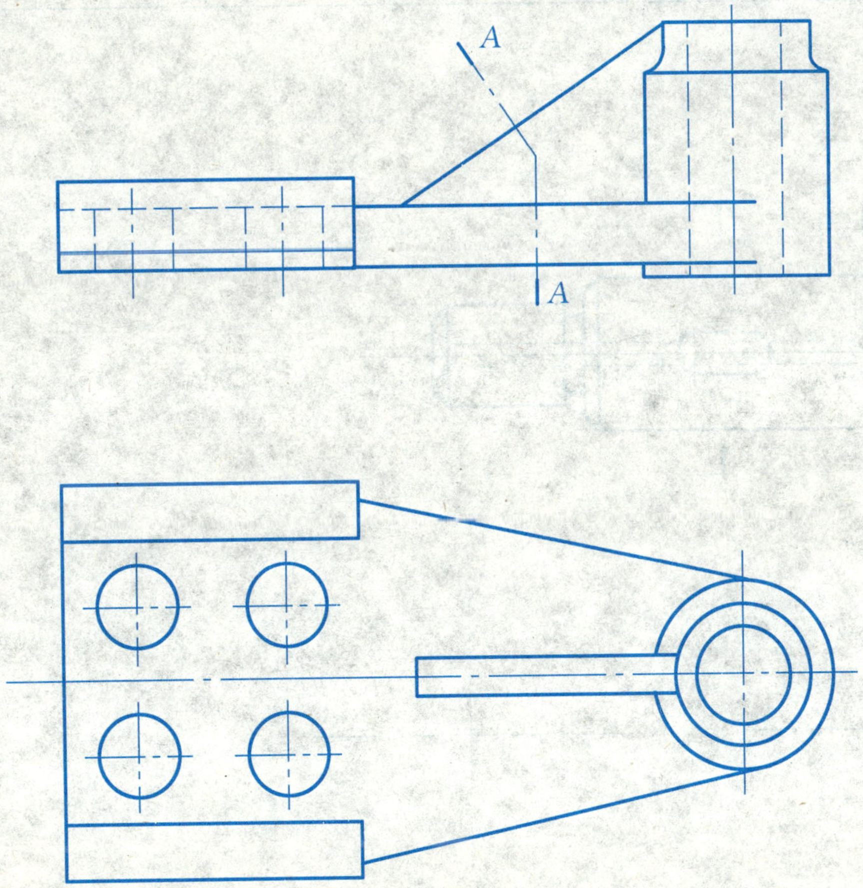

*(2) 根据俯视图和 *A* 向视图：① 将主视图画成 *B*—*B* 全剖视图；② 将左视图画成 *C*—*C* 半剖视图；③ 将底板上小孔在左视图中用局部剖视图表示。

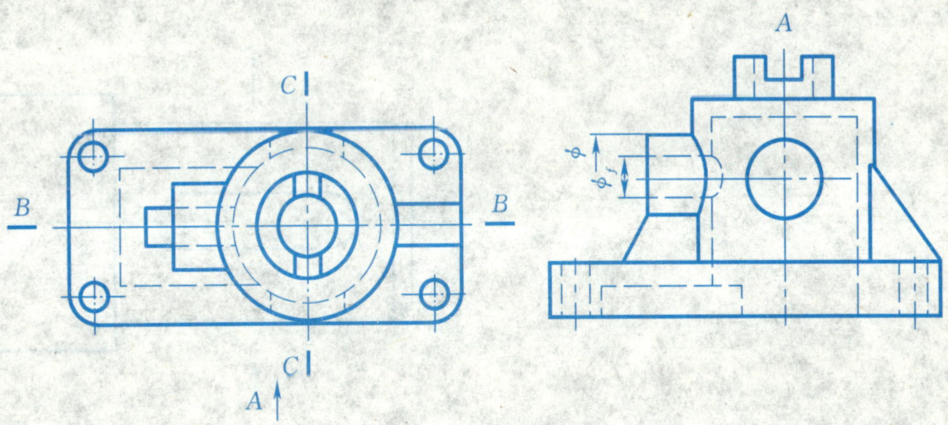

6.9 剖面图	班级		姓名		学号	

(1) 在两个相交剖切平面的延长线上，作移出断面。

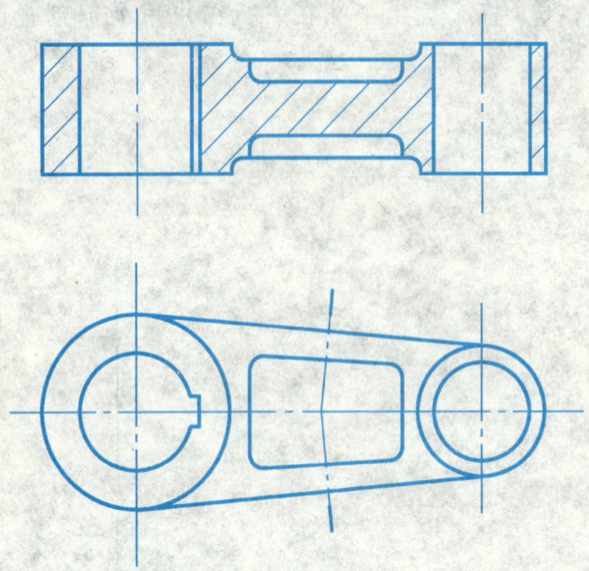

*(2) 作 B—B 断面图。

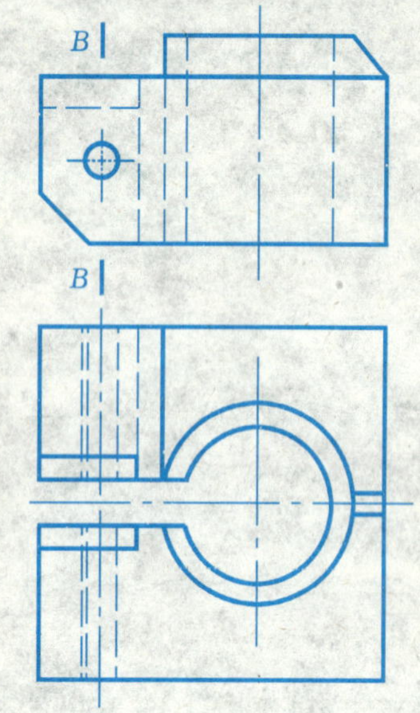

(3) 画出指定位置的断面图（左面键槽深 4mm，右面键槽深 3mm）。

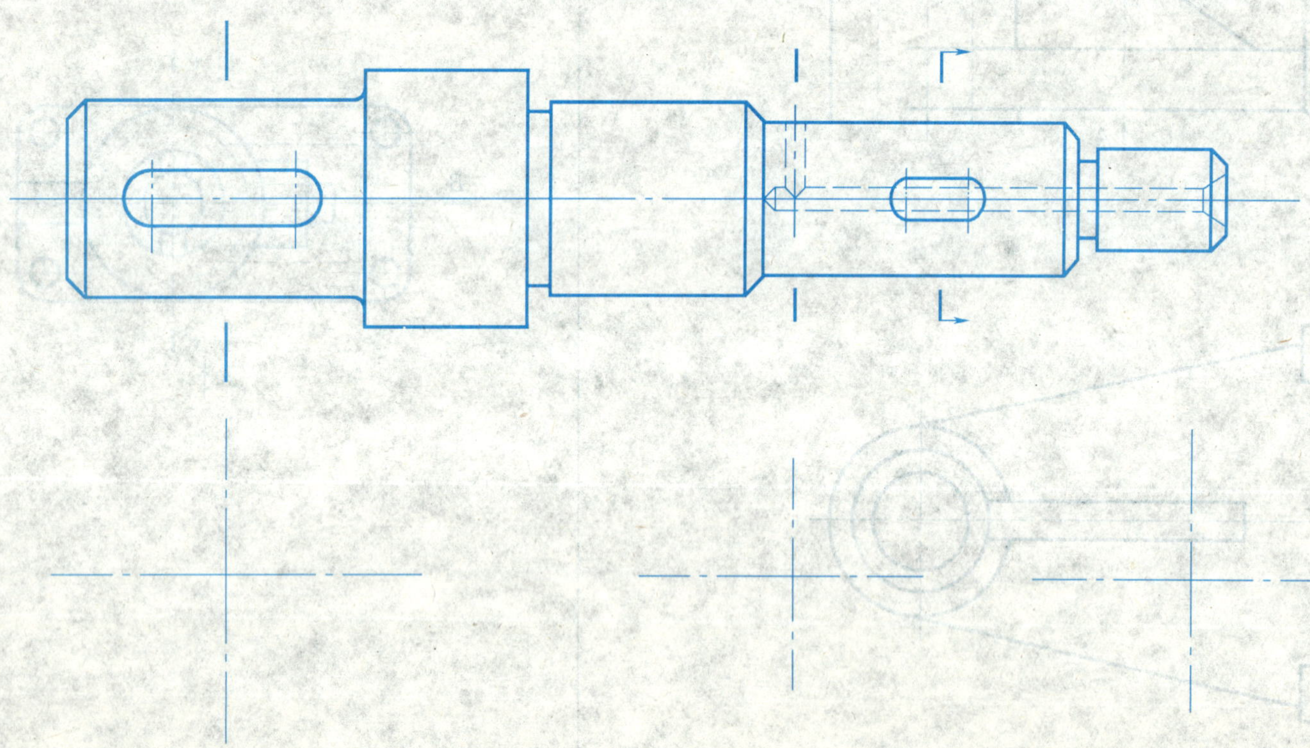

6.10 断面图 | 班级 | 姓名 | 学号

(1) 找出下列对应的断面图形。

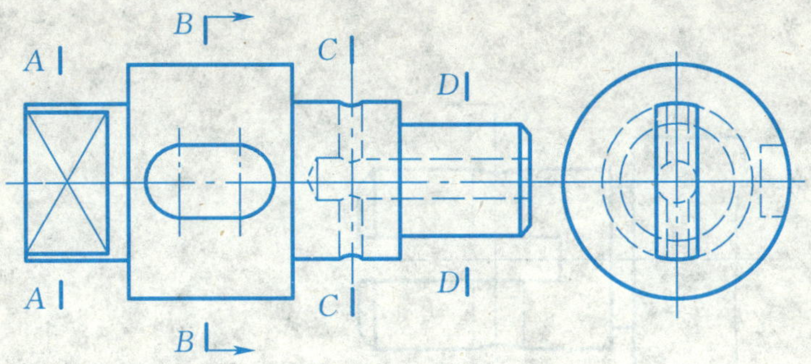

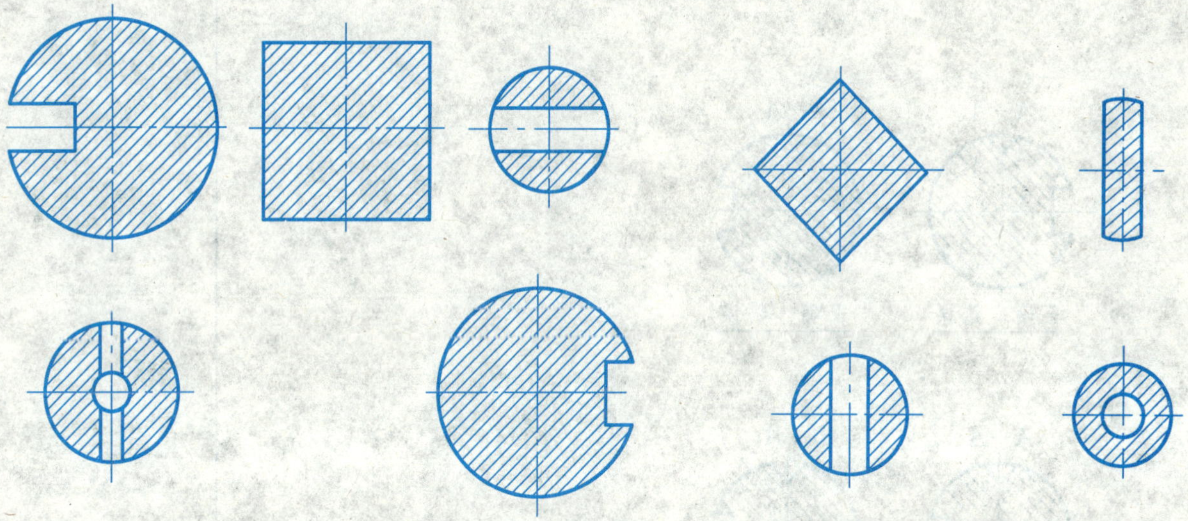

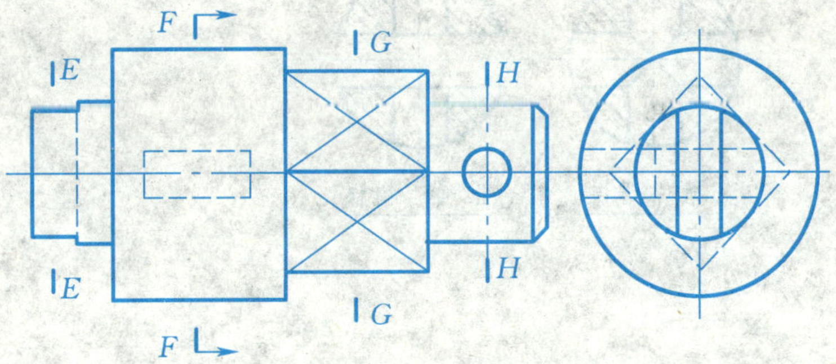

(2) 找出正确的断面图形。

a.

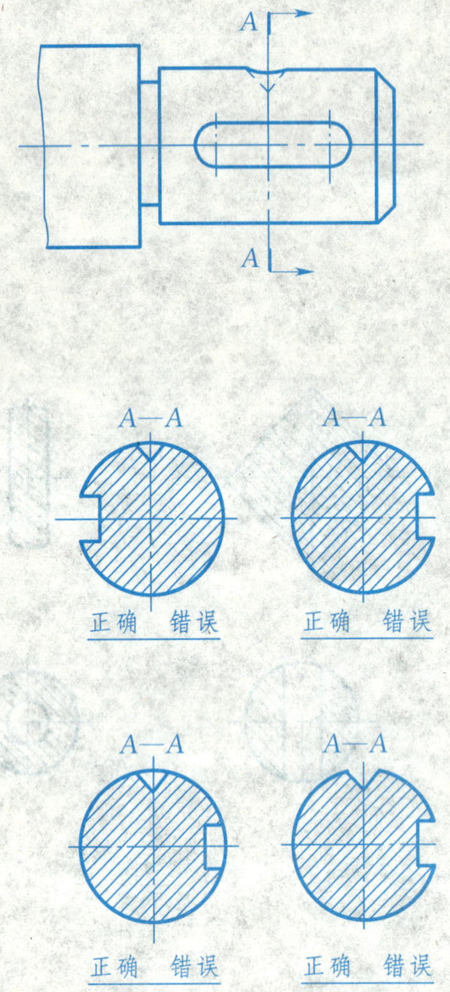

b.

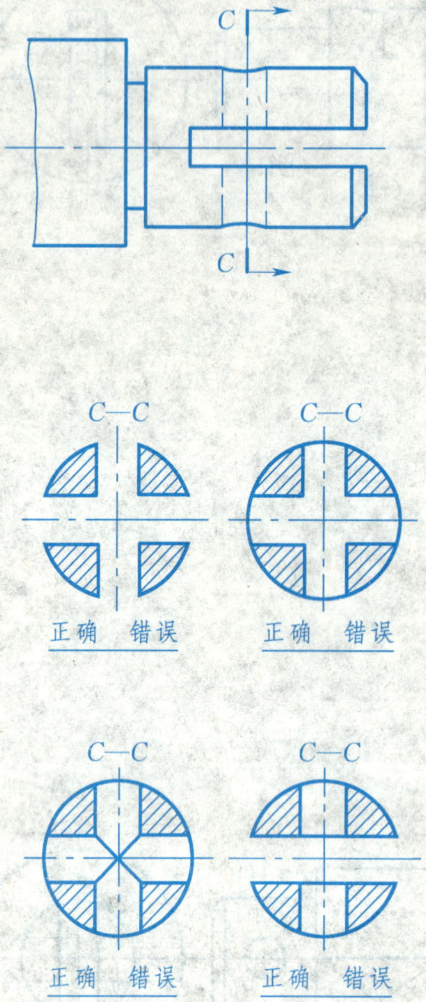

6.11 用 AutoCAD 绘制剖视图

班级		姓名		学号	

学习绘制剖视图，作如下平面图形。

a.

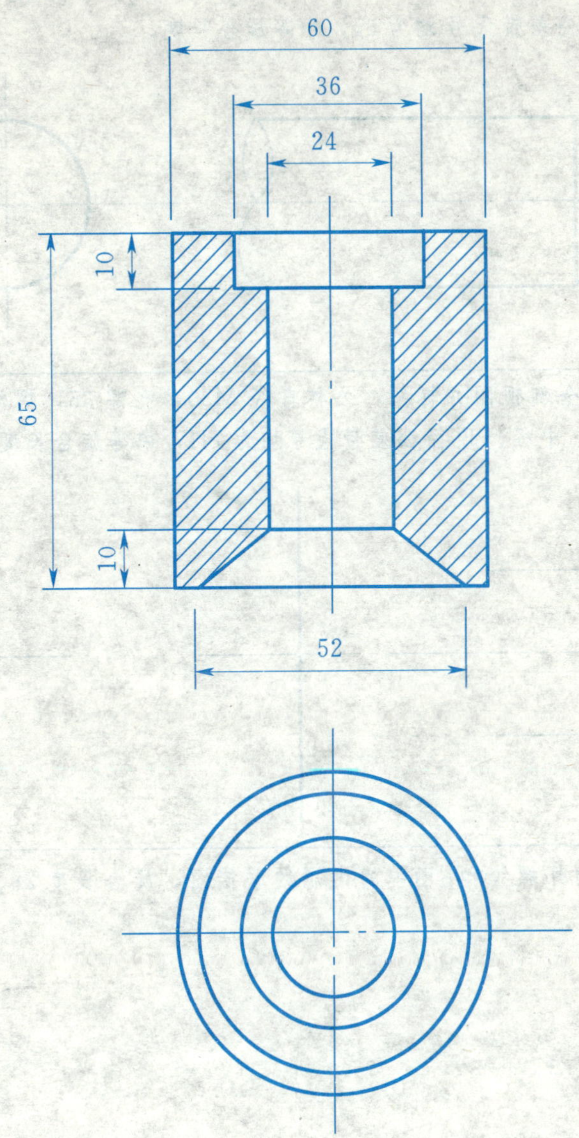

零件一剖面图

b.

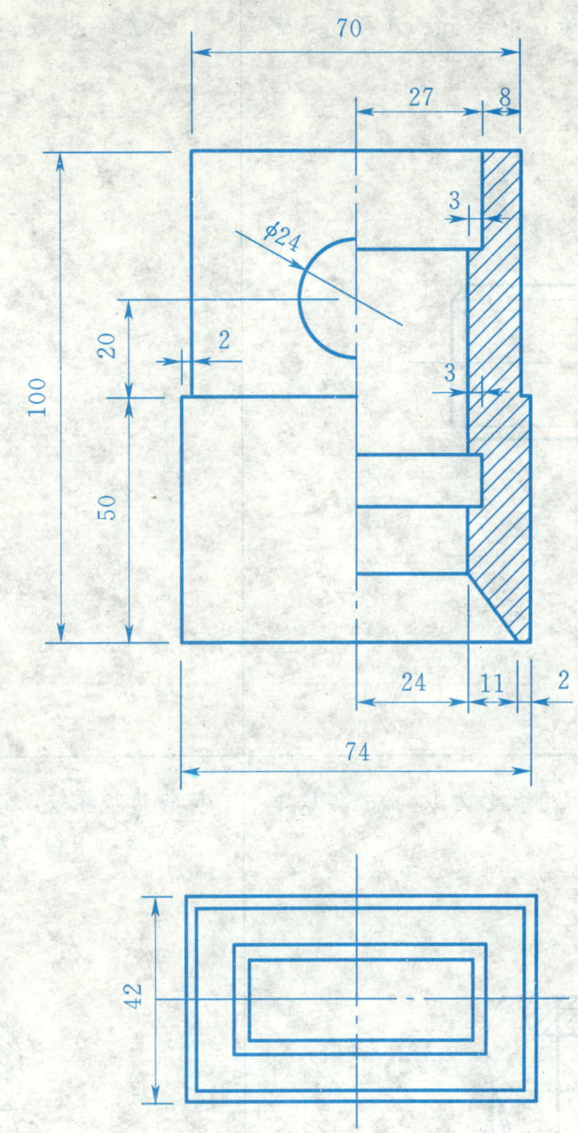

零件二剖面图

7.1　螺纹

班级　　　　姓名　　　　学号

(1) 在图中注出下列螺纹的标记。

a. 粗牙普通螺纹，公称直径 20mm，螺距 2.5mm，单线，右旋，螺纹公差带：中径 5g、顶径 6g，旋合长度长。

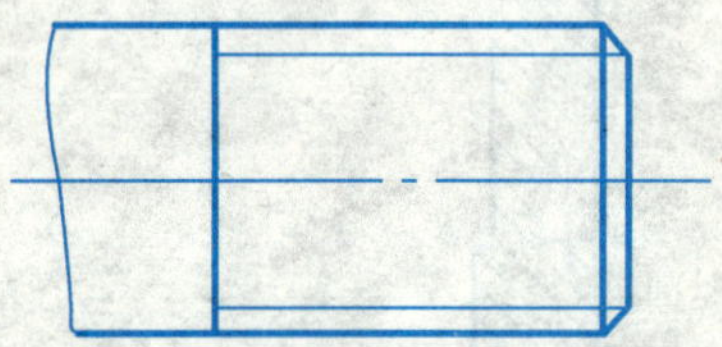

b. 非螺纹密封的管螺纹，尺寸代号为 1，公差等级为 A 级，右旋。

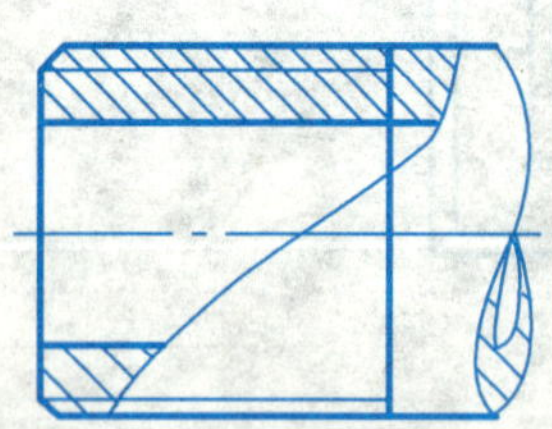

c. 细牙普通螺纹，公称直径 20mm，单线，左旋，螺纹公差带：中径、顶径公差带代号 6H，中等旋合长度。

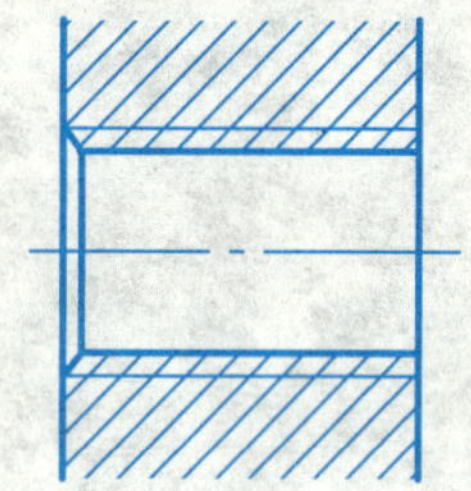

d. 锯齿形螺纹，公称直径 32mm，螺距 7mm，双线，右旋，中径公差带代号 7f，中等旋合长度。

(2) 螺纹绘制。

a. 绘制外螺纹并标注，公称直径 M30，螺纹长度 30，螺距 1.5，单线，左旋，中径、顶径公差带代号均为 6g，中等旋合长度。

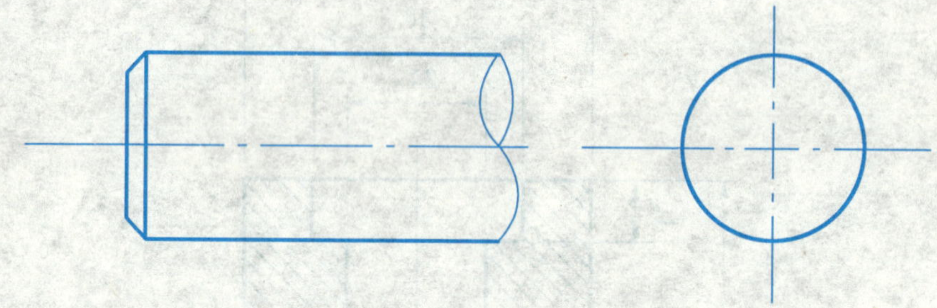

b. 绘制内螺纹全剖视图并标注，公称直径 M30，孔深 35，螺纹长度 30，螺距 1.5，左旋，中径、顶径公差带代号均为 7H，中等旋合长度。

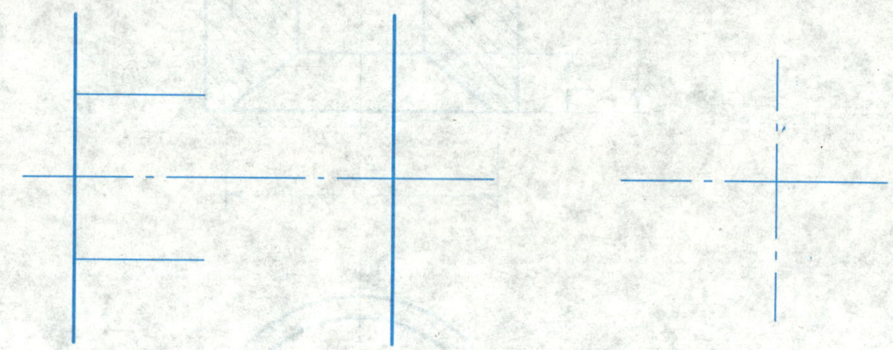

c. 绘制 a 图中的外螺纹和 b 图中的内螺纹联接图，旋合长度 28。

7.1 螺纹	班级		姓名		学号	

(3) 改正下列螺纹及螺纹联接画法中的错误，并将正确的图形画在指定的位置上。

a.

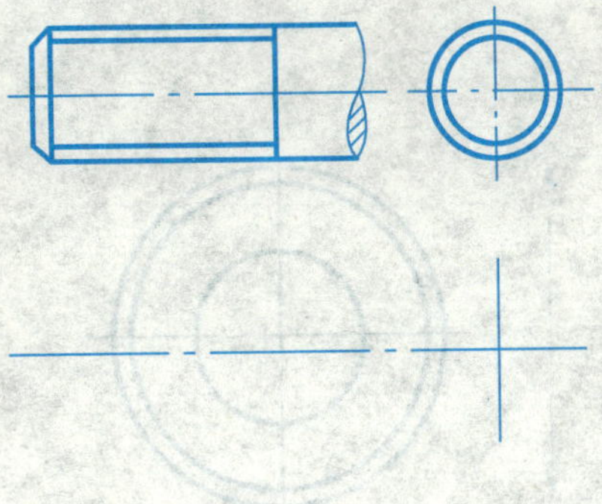

b.

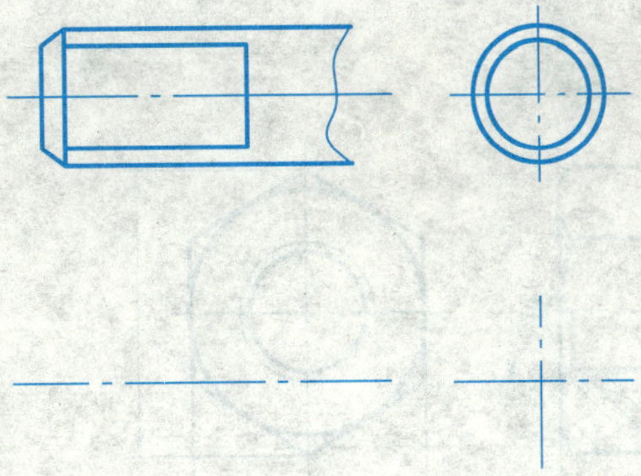

c.

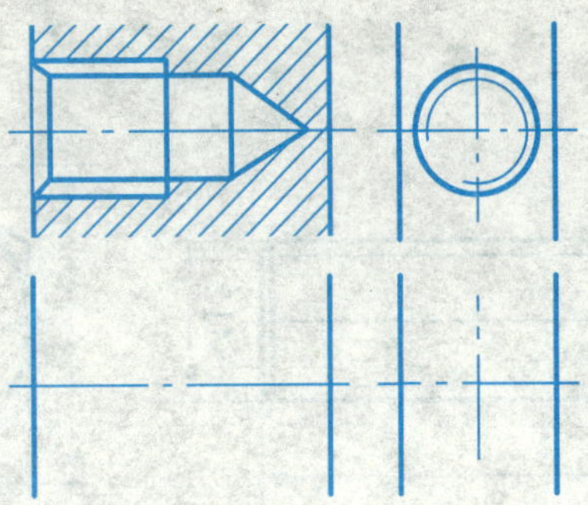

d.

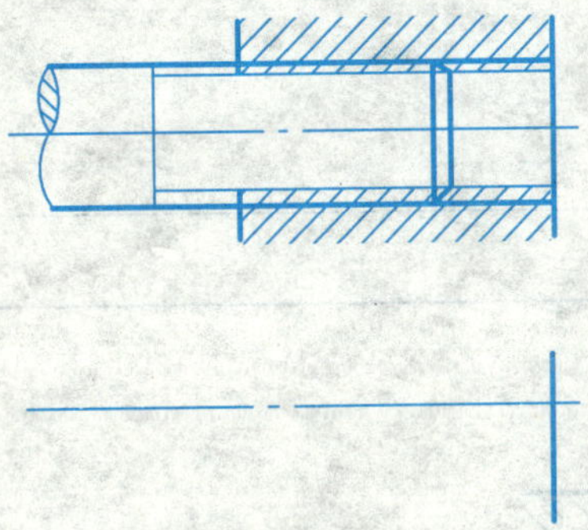

e.

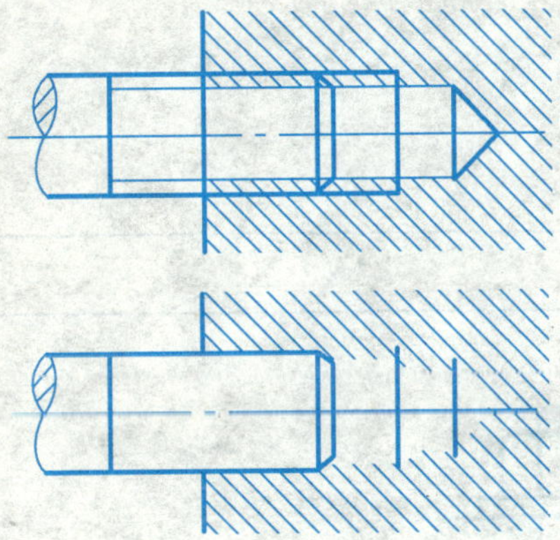

f.

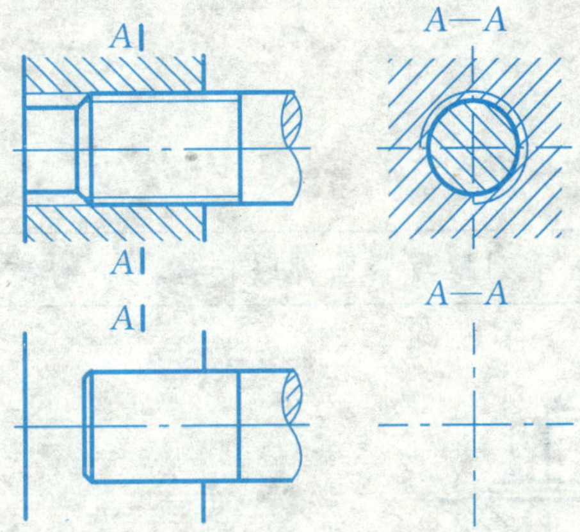

(4) 识读螺纹标记并填空。

项目 代号	螺纹种类	内、外螺纹	大径	小径	导程	螺距	线数	旋向	公差带		旋合长度
									中径	顶径	
M20－7H－LH											
M20×1.5-7g6g-L											
M16－6H											
G3/8											
Tr40×14(P7)－8e											
G1/2A－LH											

7.2 螺纹联接和螺纹紧固件联接

7.2 螺纹联接和螺纹紧固件联接	班级		姓名		学号	

(1) 查表后标注出下列螺纹紧固件的尺寸，并注写其规定标记。

a. 六角头螺栓—C级

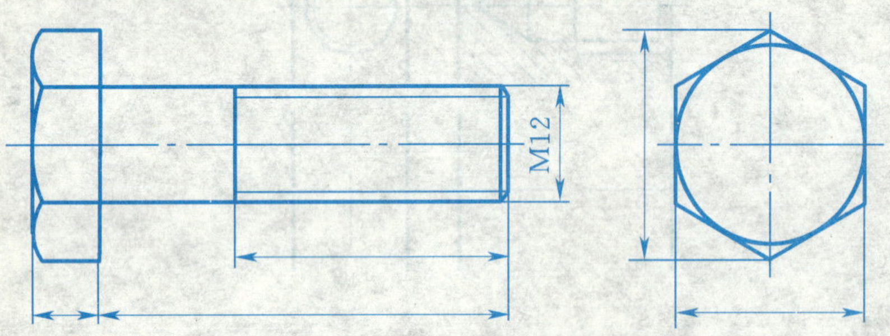

标记：________________

b. Ⅰ型六角螺母—A级

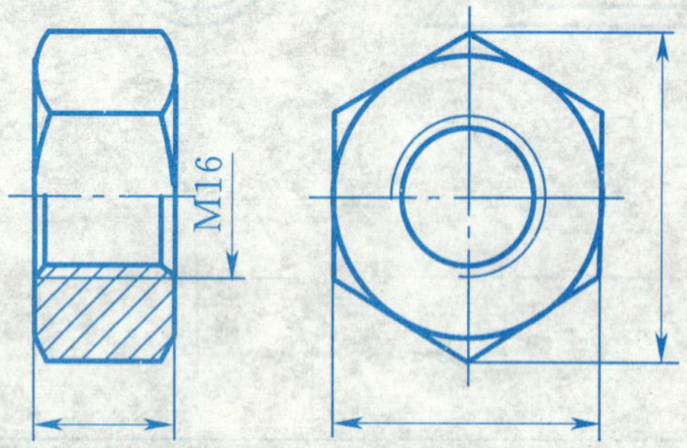

标记：________________

c. 平垫圈—A级

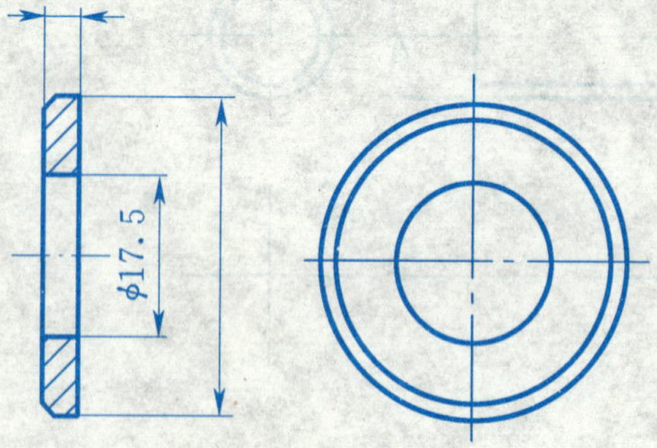

标记：________________

(2) 指出并改正下列螺纹紧固件联接画法中的错误，并在右侧画出正确图形。

a. 螺栓联接

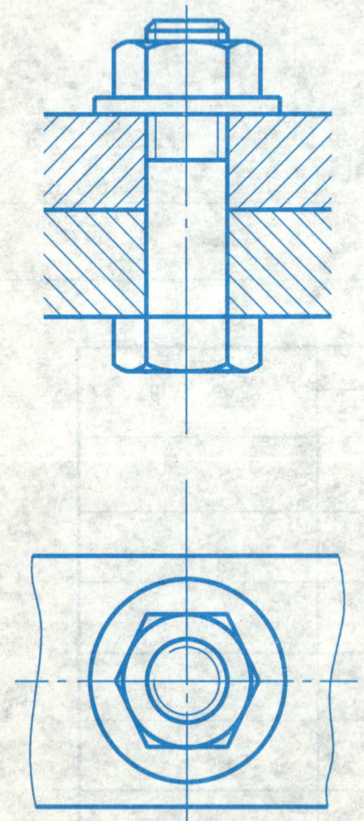

b. 螺柱联接

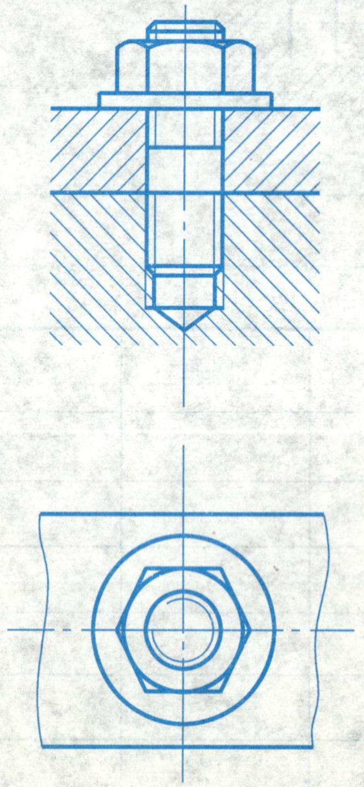

c. 螺钉联接

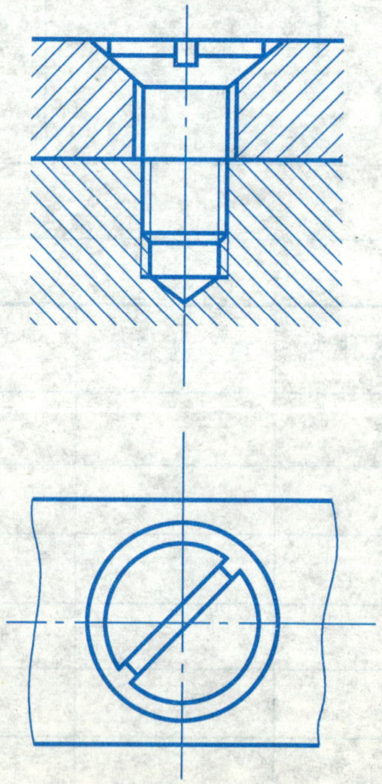

7.3 键、轴承和齿轮	班级		姓名		学号	

(1) 普通平键及其联接。

a. 按轴径查表画出键槽 A—A 断面图，并标注尺寸。

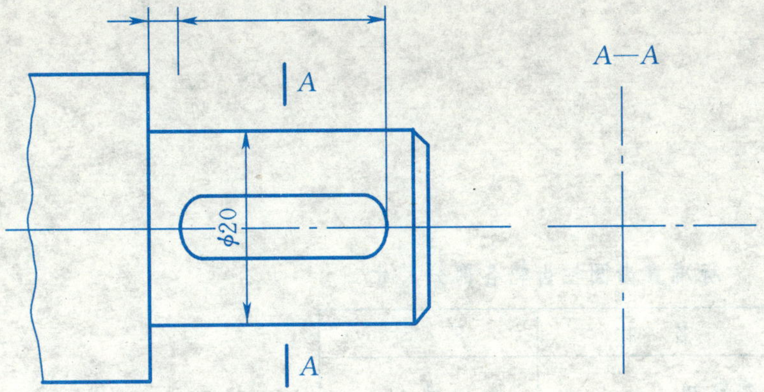

b. 画出与上轴相配合的孔的键槽图，并标注尺寸。

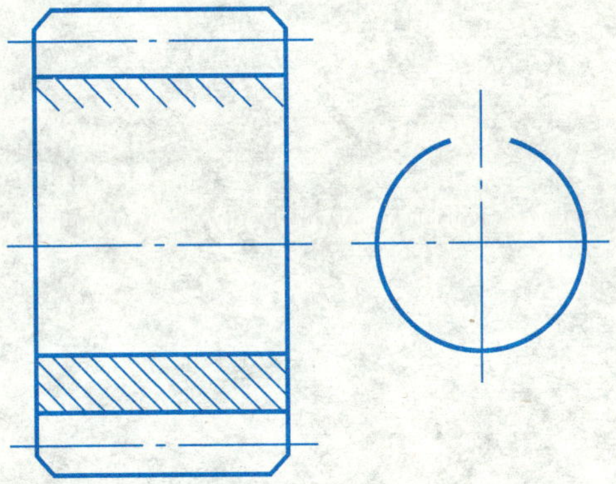

c. 补全轴径为 φ20 键联接的装配图，并写出所用普通平键的规定标记。

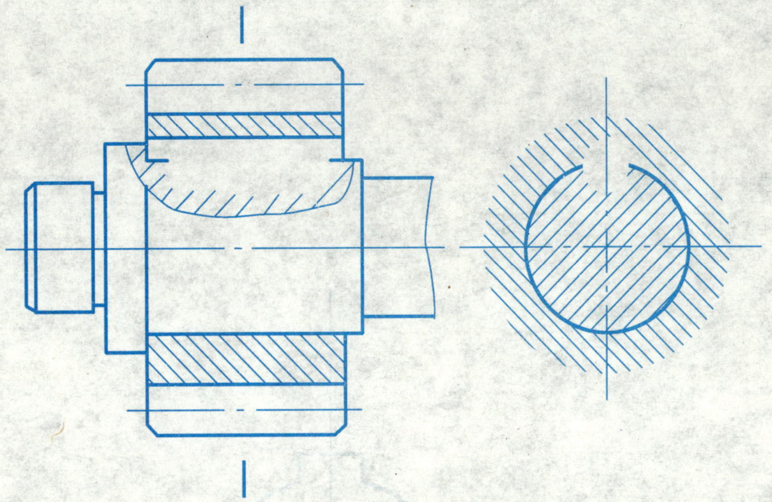

(2) 齿轮与轴用直径为 10mm 的圆柱销联接，画出销联接的剖视图，比例 1∶2，并写出圆柱销的规定标记。

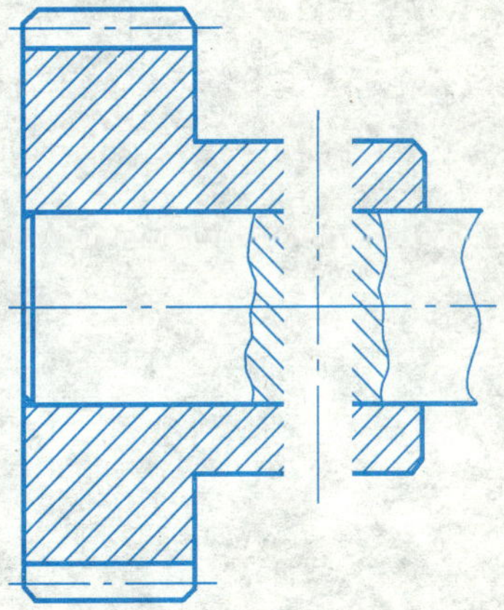

(3) 查表并用规定画法画出制定的滚动轴承。

a. 用规定画法画出 6205 轴承（右端面紧靠轴肩）。

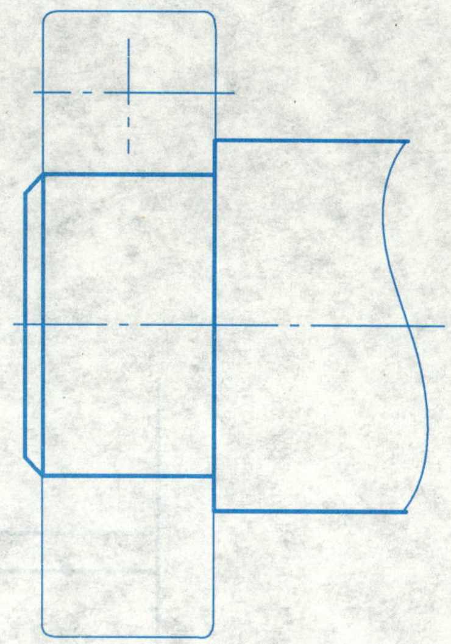

b. 用规定画法画出 30205 轴承（右端面紧靠轴肩）。

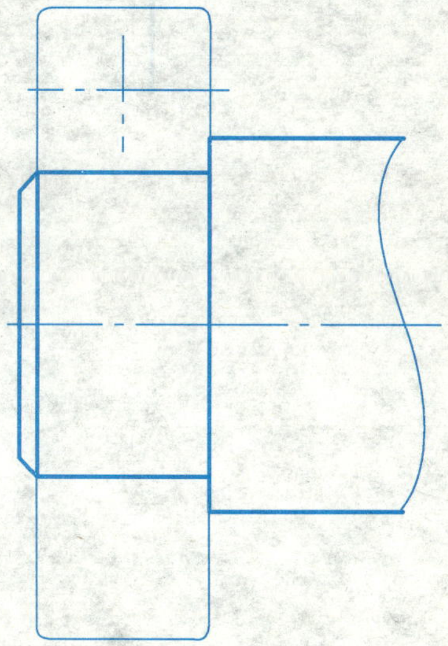

(4) 计算各部分尺寸并按1∶1比例完成标准直齿圆柱齿轮的绘制(齿轮的模数为4，齿数为22)。

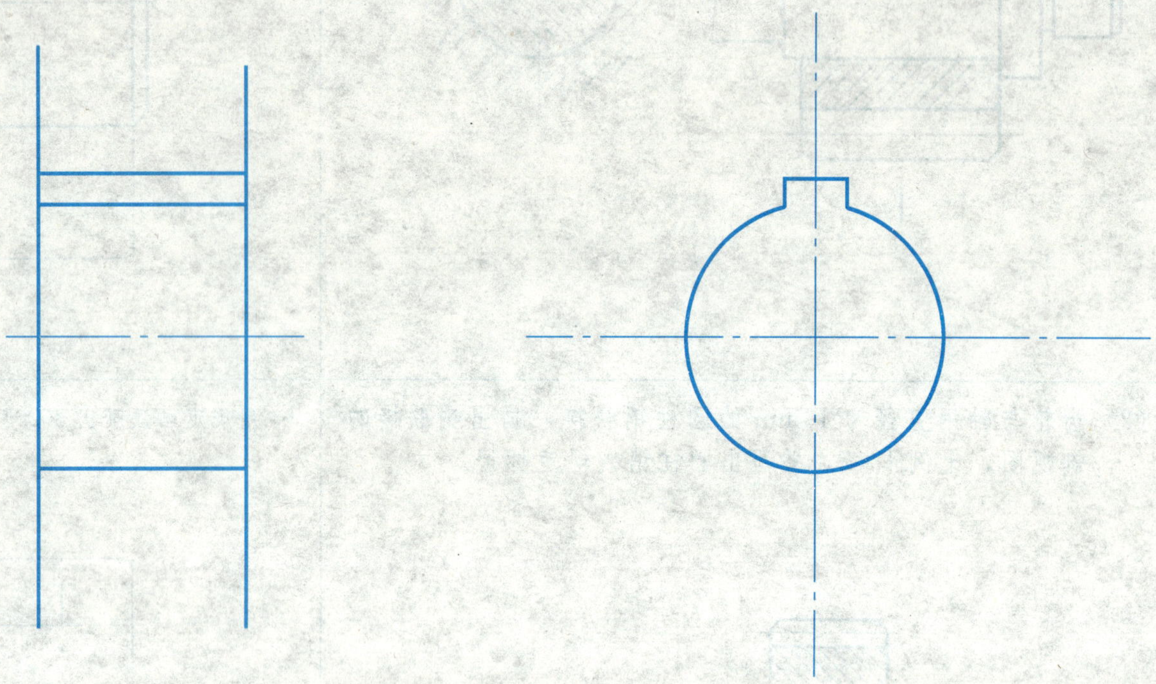

标准直齿圆柱齿轮各部分尺寸

名　称	尺　寸
模数 m	4
齿数 z	22
齿顶高 h_a	
齿根高 h_f	
齿高 h	
分度圆直径 d	
齿顶圆直径 d_a	
齿根圆直径 d_f	
齿距 p	
齿厚 s	

7.3 键、轴承和齿轮	班级		姓名		学号	

(5)绘制一对啮合的直齿圆柱齿轮啮合图。

(6) 绘制直齿圆锥齿轮，$m=3$，$z=30$，$\delta=30°$，$b=20$。

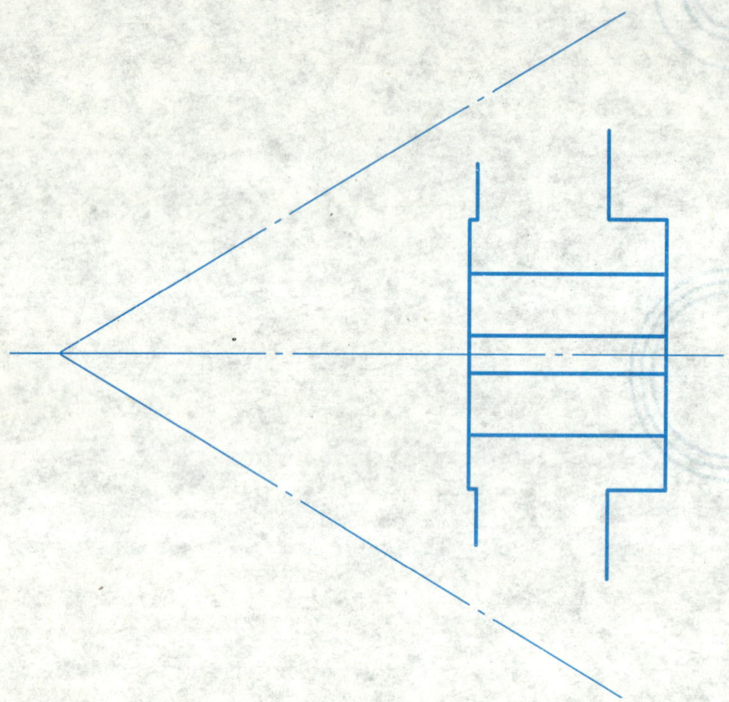

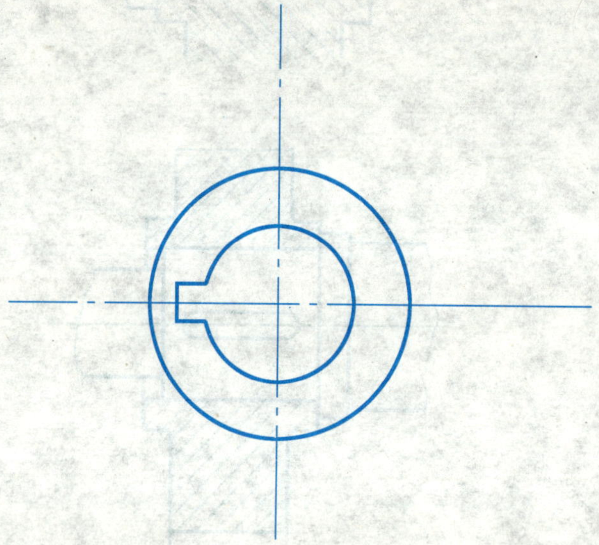

8.1 表达方案	班级		姓名		学号	

比较摇臂座的两个表达方案，并填空。

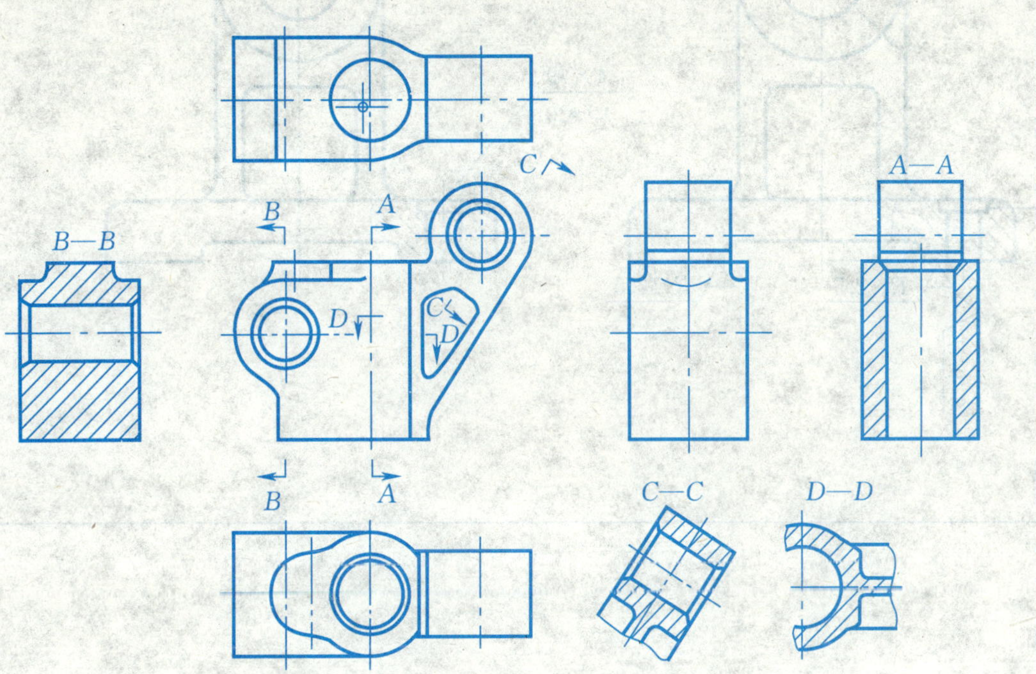

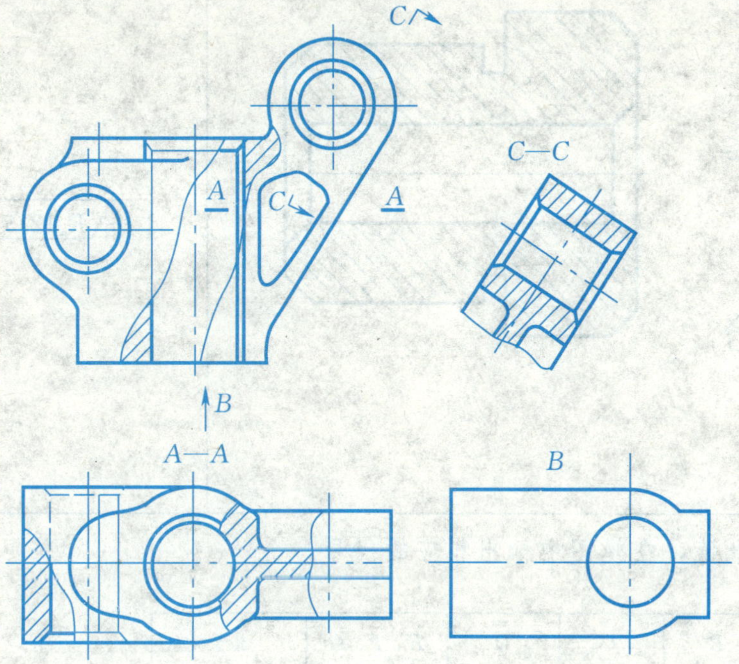

方案一：

共用______个视图表达，其中表示零件外形的是______视图、______视图、______视图和______视图。

A—A 剖视表示中间____的内部形状，C—C 剖视表示右上部____的内部形状，D—D 剖视表示______的形状。

方案二：

共用______个视图表达，分别是______、______、______和______。

主视图主要表示零件的外形，并采用______剖视图表示中间通孔的形状；俯视图上两处局部剖视分别表示______和______的局部形状；C—C 表示______的内部形状，B 向______视图表示______的外形。

比较：

1. 将方案一和方案二比较，试分析方案一中表达该零件的八个视图中，哪些视图是可以省略的？
2. 比较两个表达方案的优缺点。

8.2 表面结构要求 | 班级 | 姓名 | 学号

(1) 分析表面结构要求代号在图中的标注错误，并按规定在右图标出。

a.

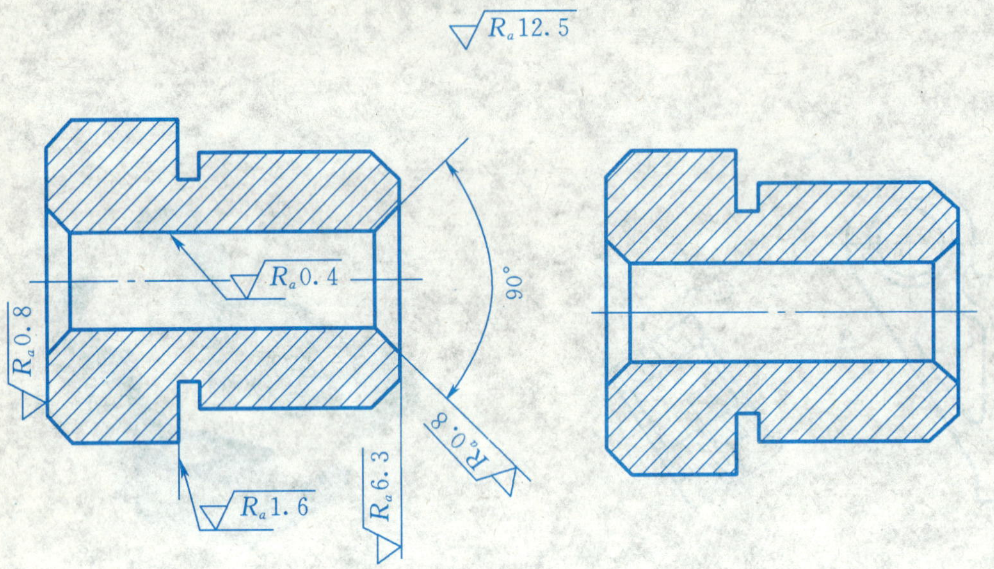

b.

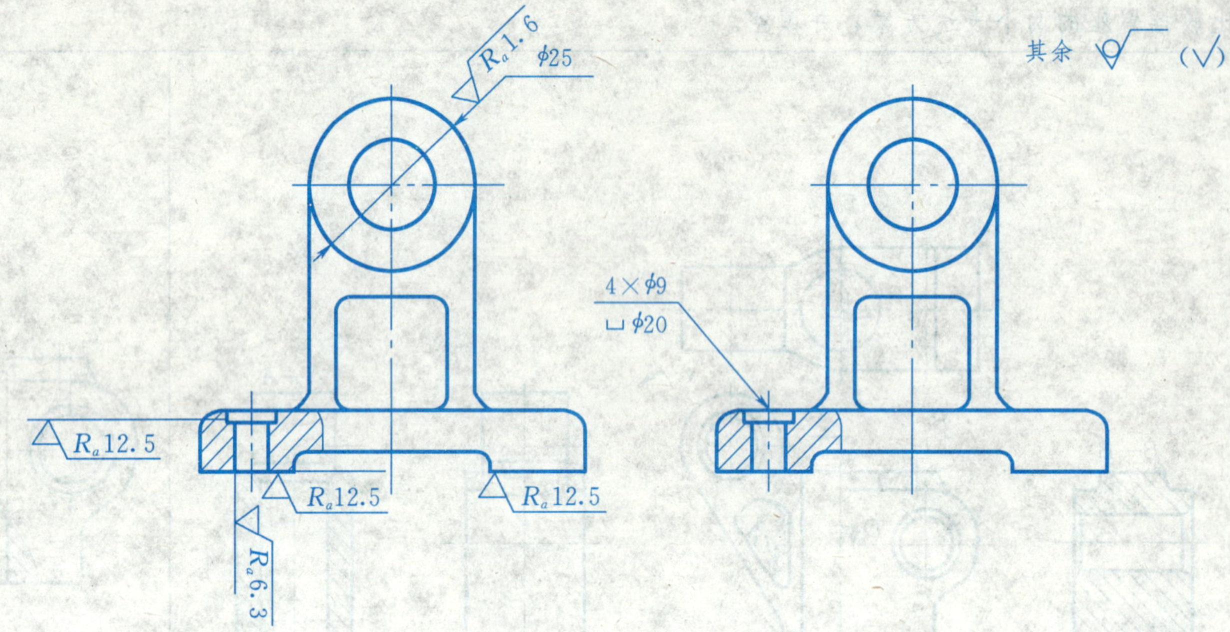

(2) 根据表中所给定的表面结构要求参数值，在视图中标出相应的代号。

表　面	A、B	C	D	E、F、G	其余
表面结构要求参数值R_a	6.3	1.6	3.2	12.5	不去除材料

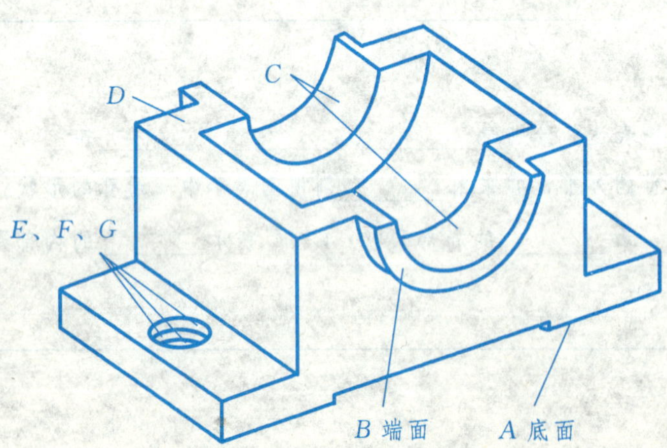

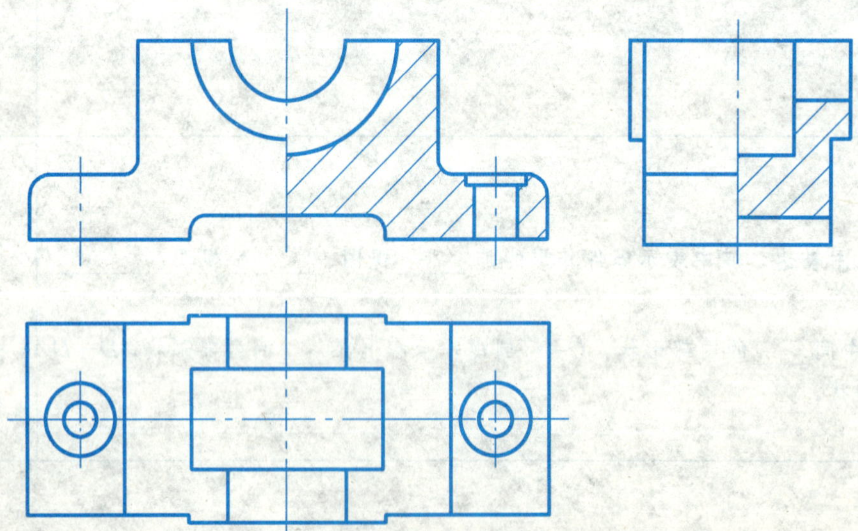

8.2 表面结构要求

班级　　　　姓名　　　　学号

(3) 将指定的表面结构要求标注在图上。

a.

1) $\phi32$ 外圆表面 R_a 最大允许值为 1.6μm。

2) 内孔 $\phi19$ 表面 R_a 最大允许值为 1.6μm。

3) $\phi44$ 右边的台肩端面 R_a 最大允许值为 3.2μm。

4) 倒角 R_a 最大允许值为 6.3μm。

5) 其余表面 R_a 最大允许值为 12.5μm。

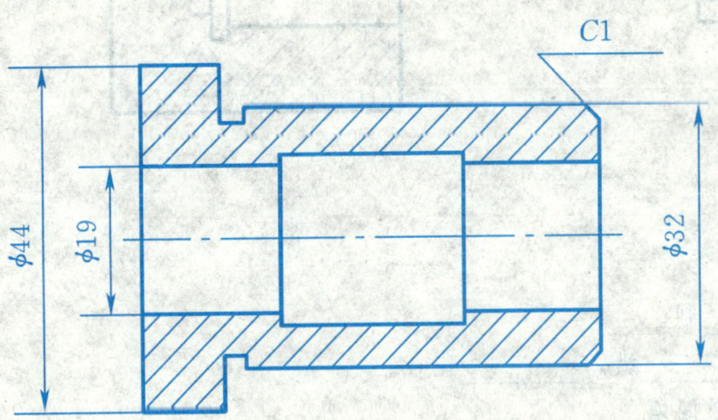

b.

1) $\phi20$ 外圆表面 R_a 最大允许值为 1.6μm。

2) M16 螺纹工作表面 R_a 最大允许值为 1.6μm。

3) 键槽两侧面 R_a 最大允许值为 3.2μm。

4) 键槽底面 R_a 最大允许值为 6.3μm。

5) 其余表面 R_a 最大允许值为 12.5μm。

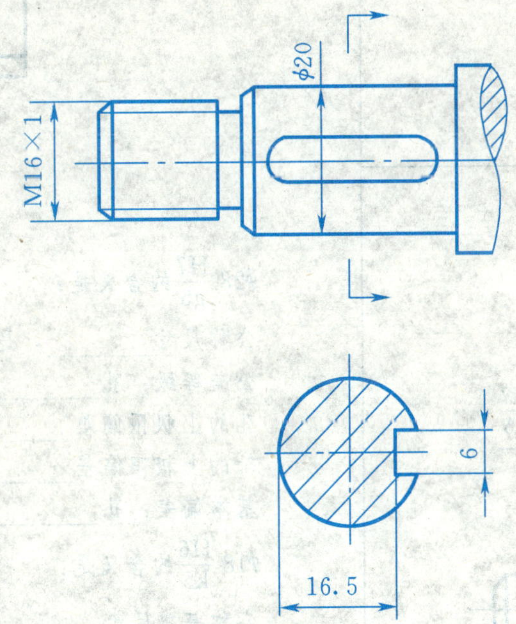

c.

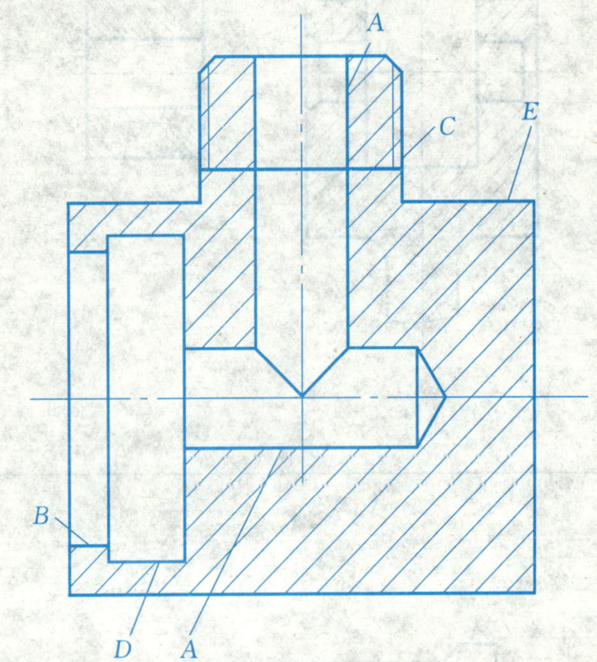

各表面均需要切削加工					
A	B	C	D	E	其余
1.6	3.2	3.2	6.3	12.5	25

8.3 极限与配合

8.3 极限与配合	班级		姓名		学号	

(1) 查出图中配合代号的极限偏差数值，标注在三个图中。

a.

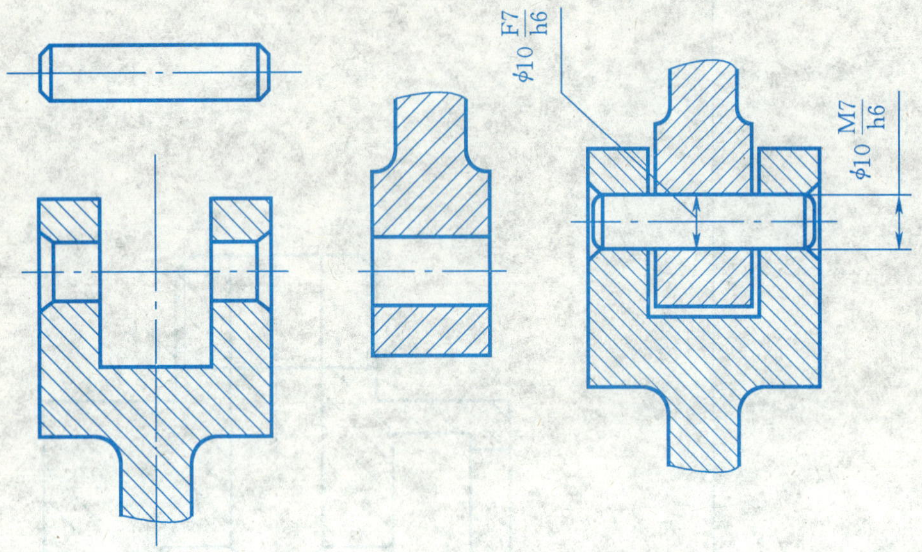

b.

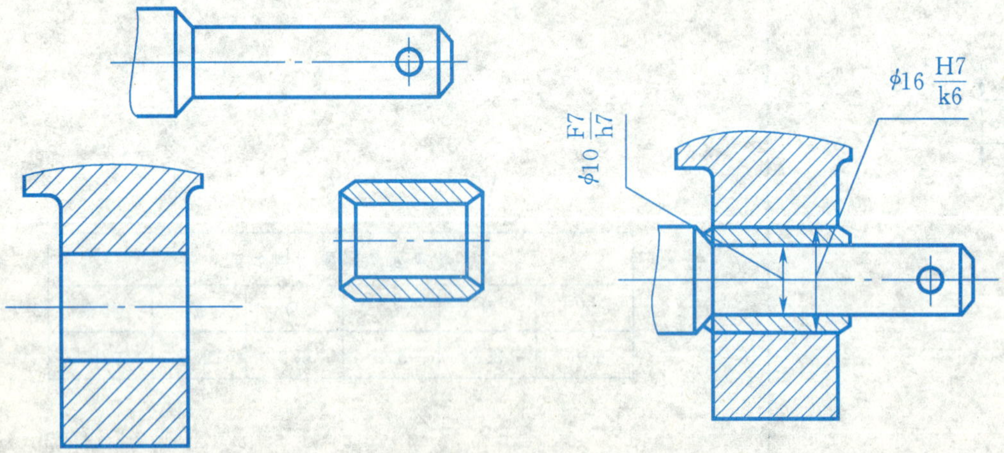

(2) 根据配合代号，分别标注出孔和轴的偏差值并填空。

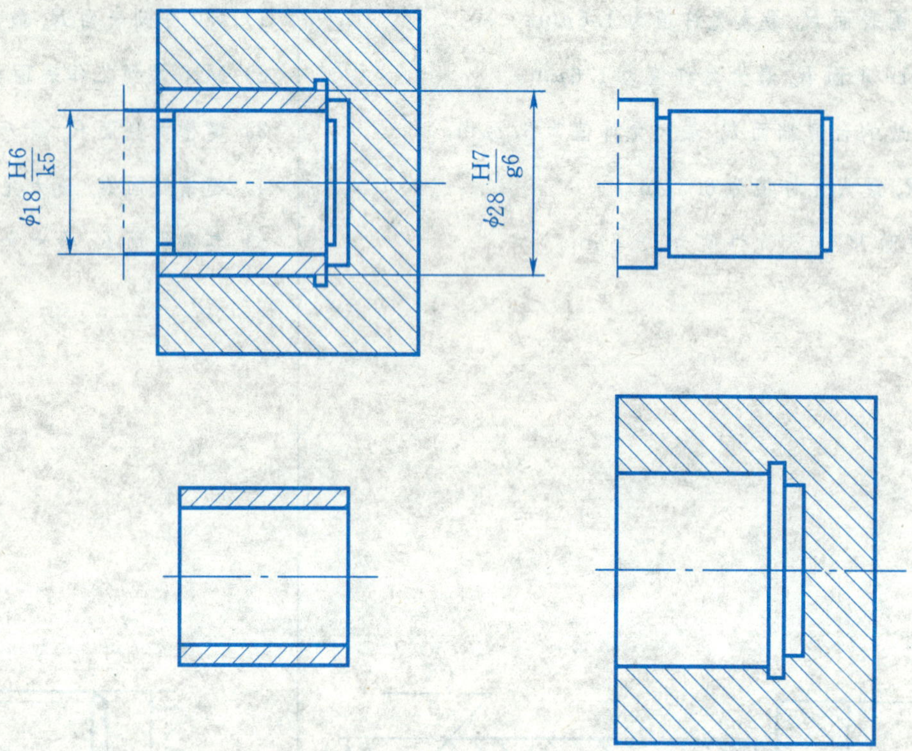

$\phi28\frac{H7}{g6}$的含义是：

公称尺寸________，是基________制。

公差等级：孔________级，轴________级，________配合。

孔的上极限偏差________，下极限偏差________。

轴的上极限偏差________，下极限偏差________。

基本偏差：孔________，轴________。

$\phi18\frac{H6}{k5}$的含义是：

公称基本尺寸________，是基________制。

公差等级：孔________级，轴________级，________配合。

孔的上极限偏差________，下极限偏差________。

轴的上极限偏差________，下极限偏差________。

基本偏差：孔________，轴________。

8.3 极限与配合

班级		姓名		学号	

(3) 在下图中注出配合代号并填空。

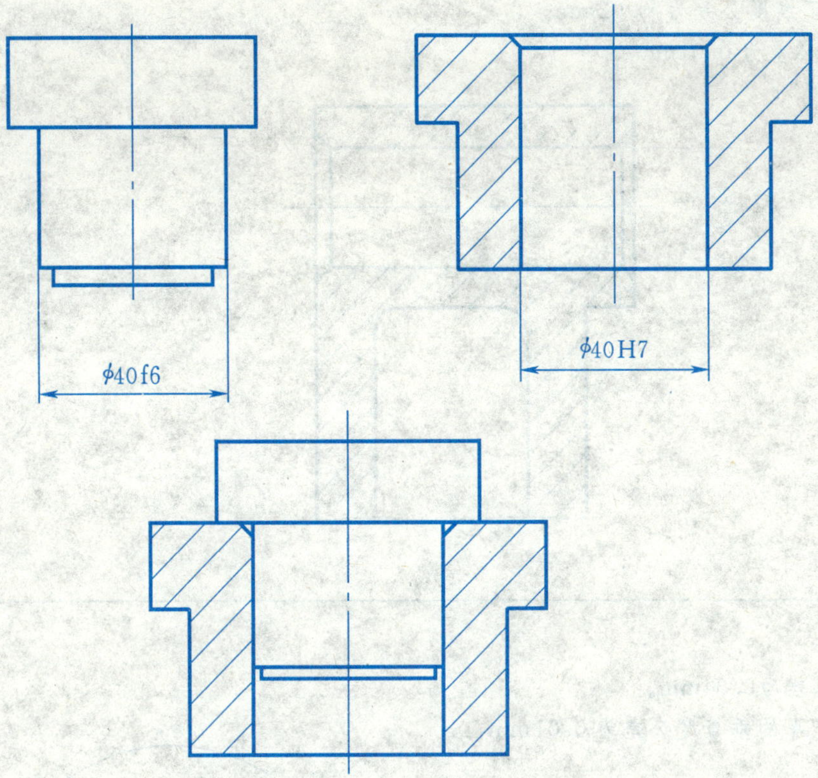

1) 尺寸公差带由______和______两部分组成。________确定公差带位置，________确定公差带大小。

2) 配合有______和______两种基准制。配合分成______、______和______三类。孔公差带位于轴公差带之上时，是______配合；孔公差带位于轴公差带之下时，是____配合；孔公差带与轴公差带有交叠时，是______配合。

3) 基孔制的孔（基准孔）用符号______表示，其基本偏差值为______。
基轴制的轴（基准轴）用符号______表示，其基本偏差值为______。

4) 国家标准规定公差等级共有___级，最高级为______，最低级为______。

(4) 根据零件图的尺寸偏差查出其公差代号，在装配图上标出配合代号，并指出其基准制和配合类型。

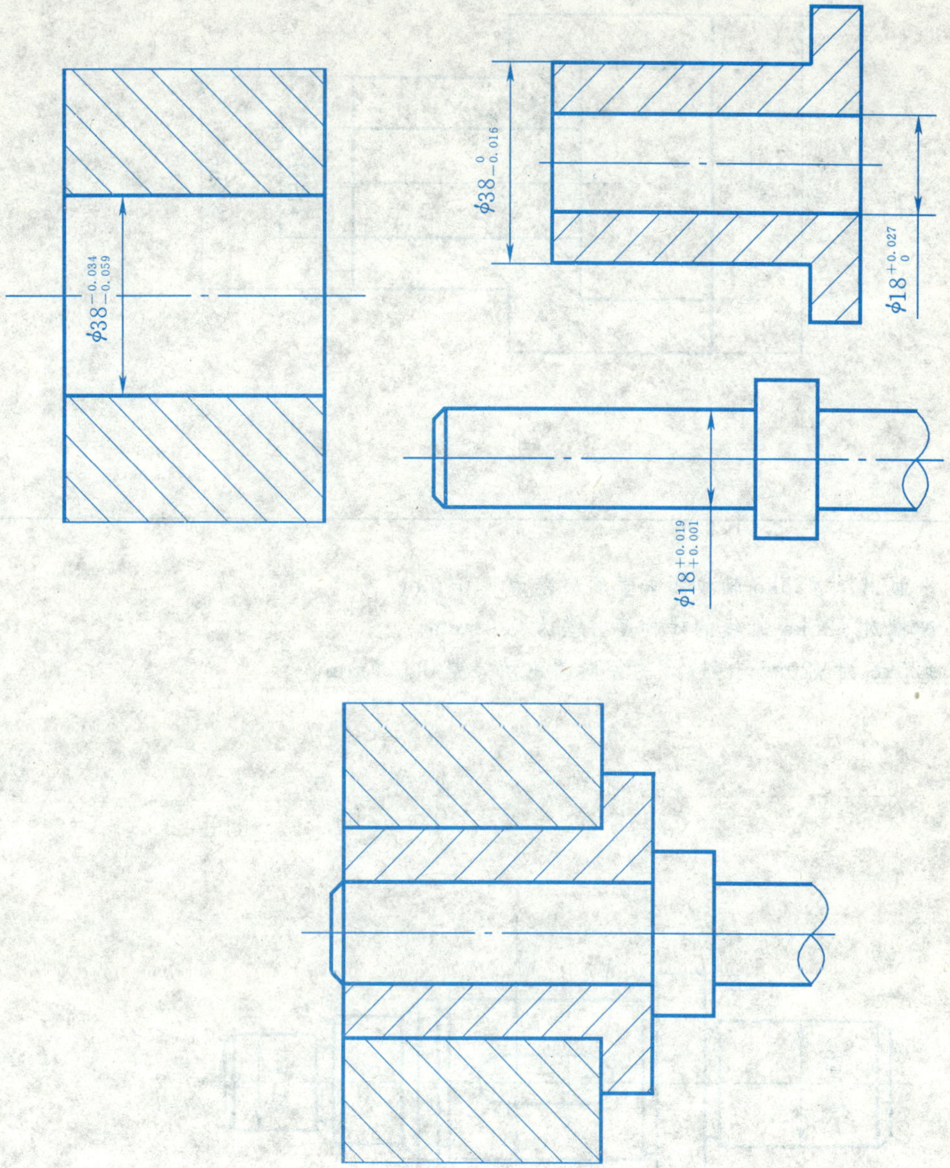

8.4 几何公差

班级		姓名		学号	

把用文字说明的几何公差，用代号和框格形式注在图上。

(1) ϕ25h6 轴线对 ϕ15H7 轴线的同轴度公差为 0.025mm。

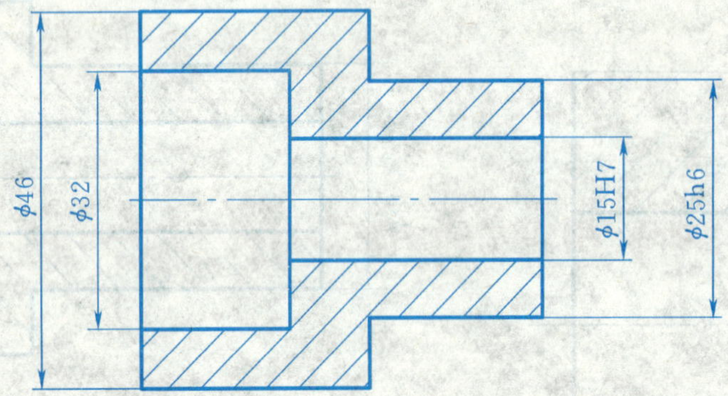

(3)

a. 孔 ϕ18mm 轴线的直线度公差为ϕ0.02mm。

b. 孔 ϕ18mm 的圆度公差为 0.01mm。

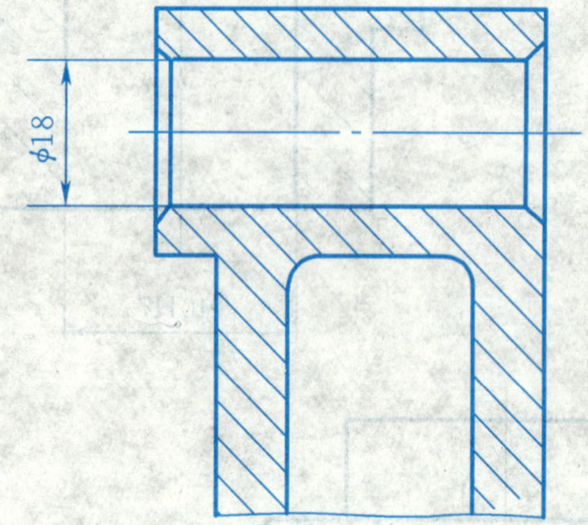

(2)

1) 平面 *A* 对ϕ25k6 轴线的垂直度公差为 0.04mm。

2) 键槽对 ϕ25k6 轴线的对称度公差为 0.01mm。

3) ϕ25k6 对 ϕ20k6与 ϕ17k6的径向圆跳动公差 0.025mm。

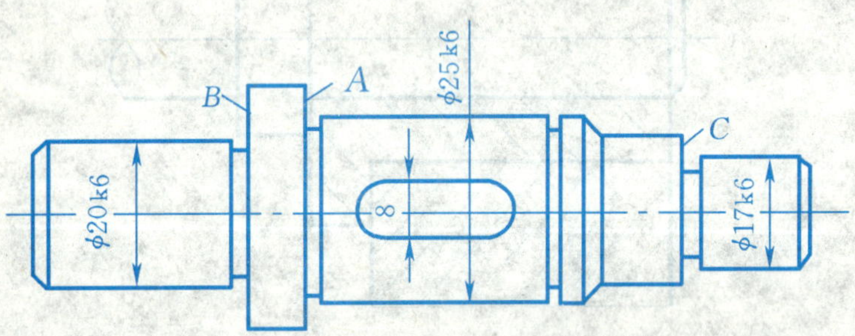

(4)

1) 平面 *A* 的平面度公差为0.04mm。

2) 12f7 中心线对平面 *A* 的垂直度公差为 0.01mm。

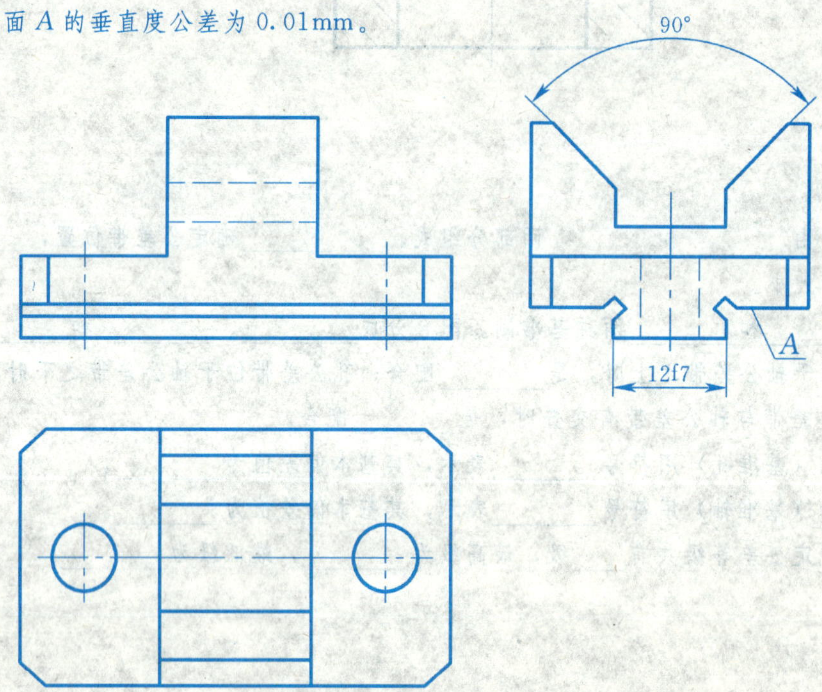

8.5 零件尺寸标注和结构工艺性

班级		姓名		学号	

(1) 标注轴的尺寸（数值由图上直接量取整数）。

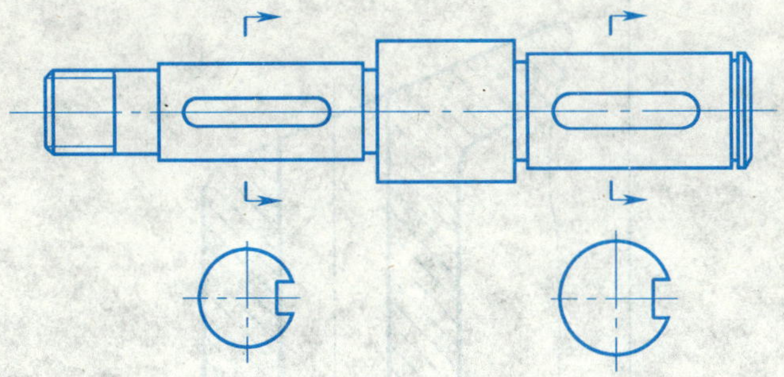

(2) 看懂铸件的一个视图，图中尺寸标注不合理的是哪些？（　　）

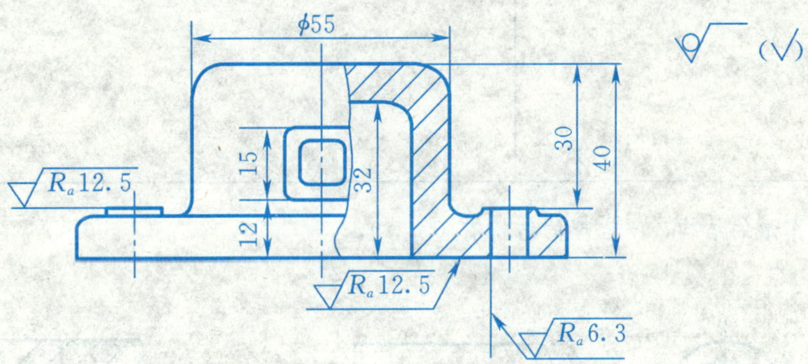

(a) 30　(b) 12　(c) 12、40、32　(d) 12、32、30

(3) 看懂退刀槽的尺寸，标注正确的有哪些图？（　　）

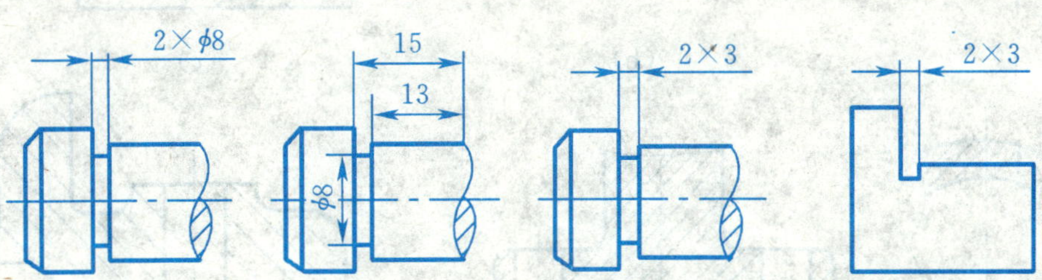

(a)　(b)　(c)　(d)

(4) 指出下图中尺寸标注不正确的地方，并在空白地方作出正确的标注。

a.

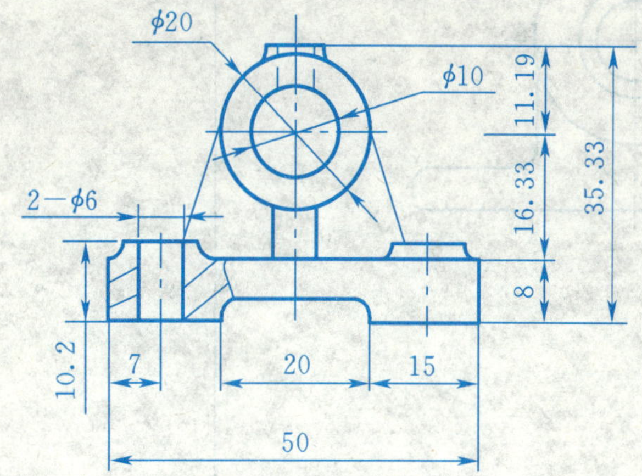

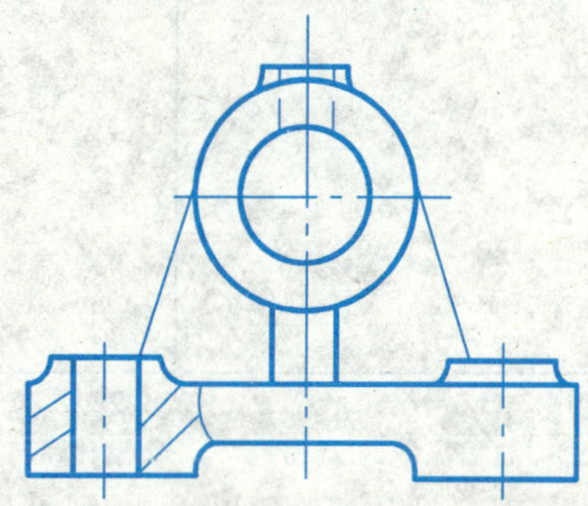

b.

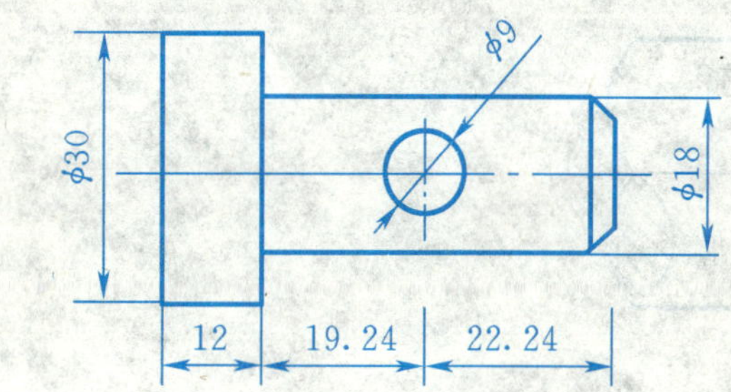

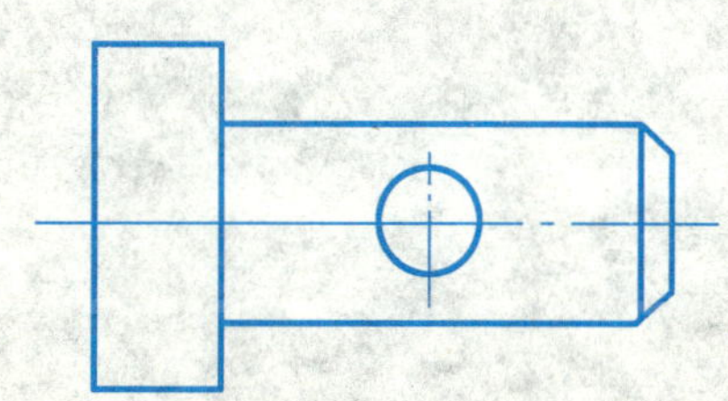

8.5 零件尺寸标注和结构工艺性	班级		姓名		学号	

(5) 改正下列图中结构不合理的地方，在空白处重新绘制。

a.

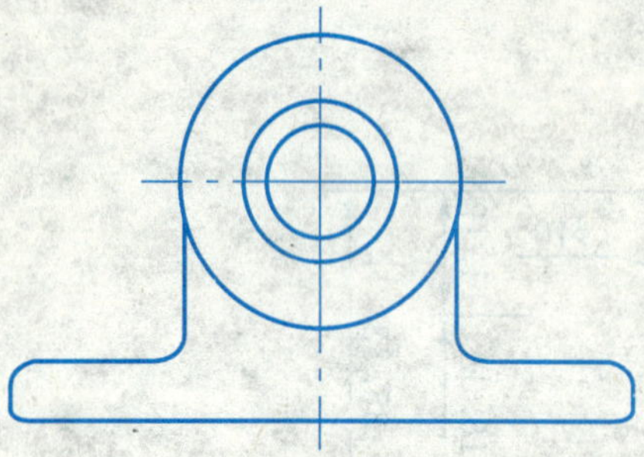

b.

c.

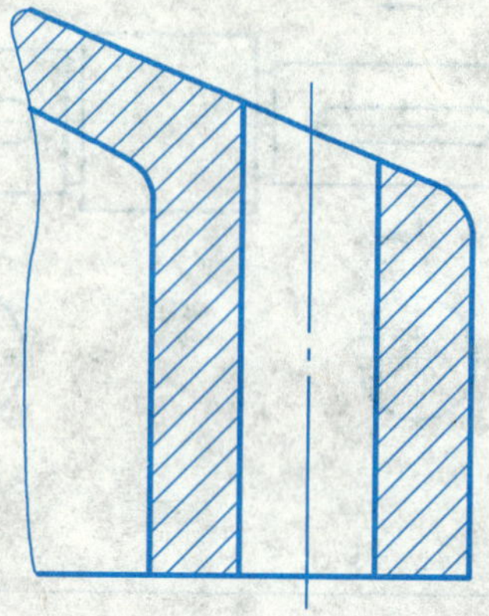

d.磨削加工。

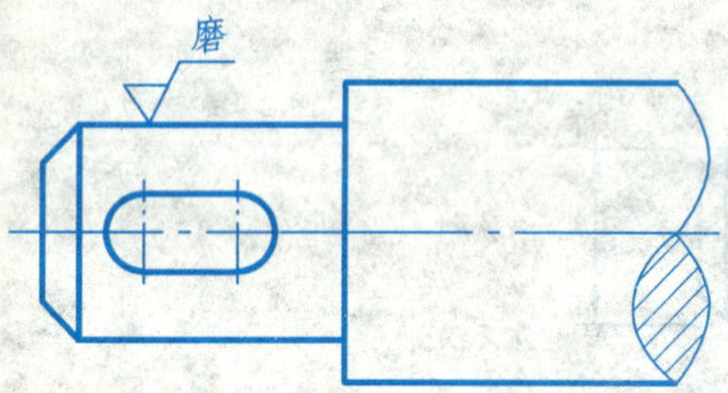

e. 看懂下列图形的结构，不合理的结构有（　　）。

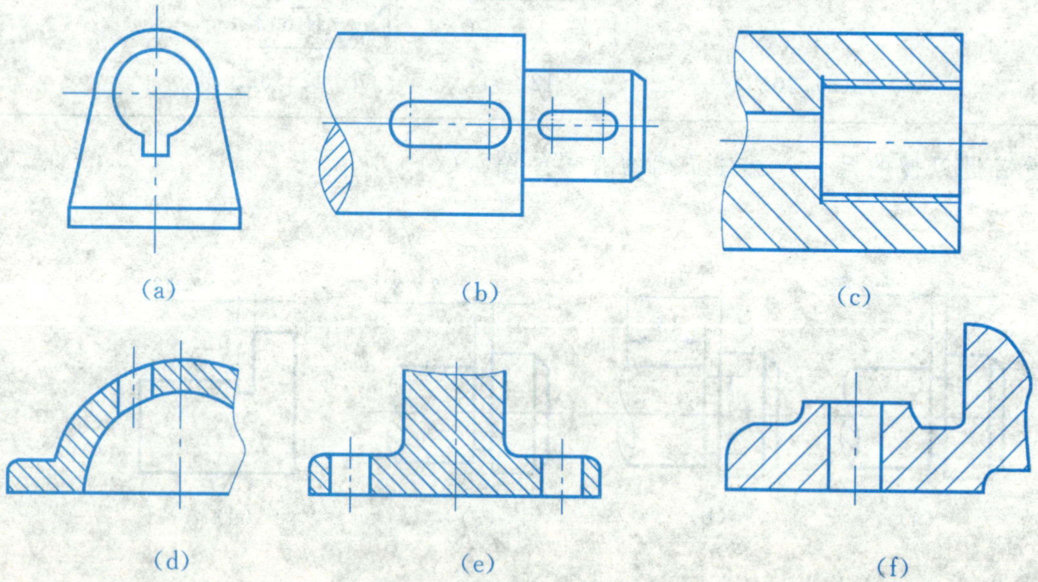

8.6　绘图作业：绘制零件图

班级		姓名		学号	

选择合适比例，用A3图纸来绘制下图中的零件图。

a.

其余 ∀ (√)

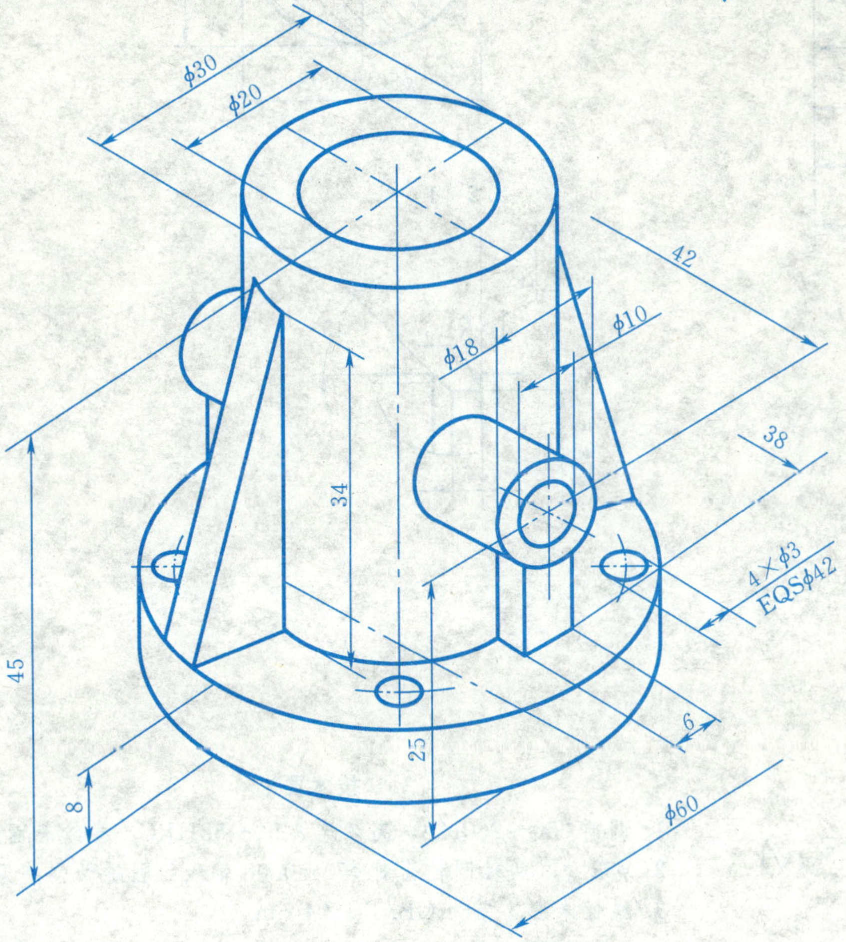

加工表面的表面粗糙度是 $\sqrt{R_a 6.3}$

b.

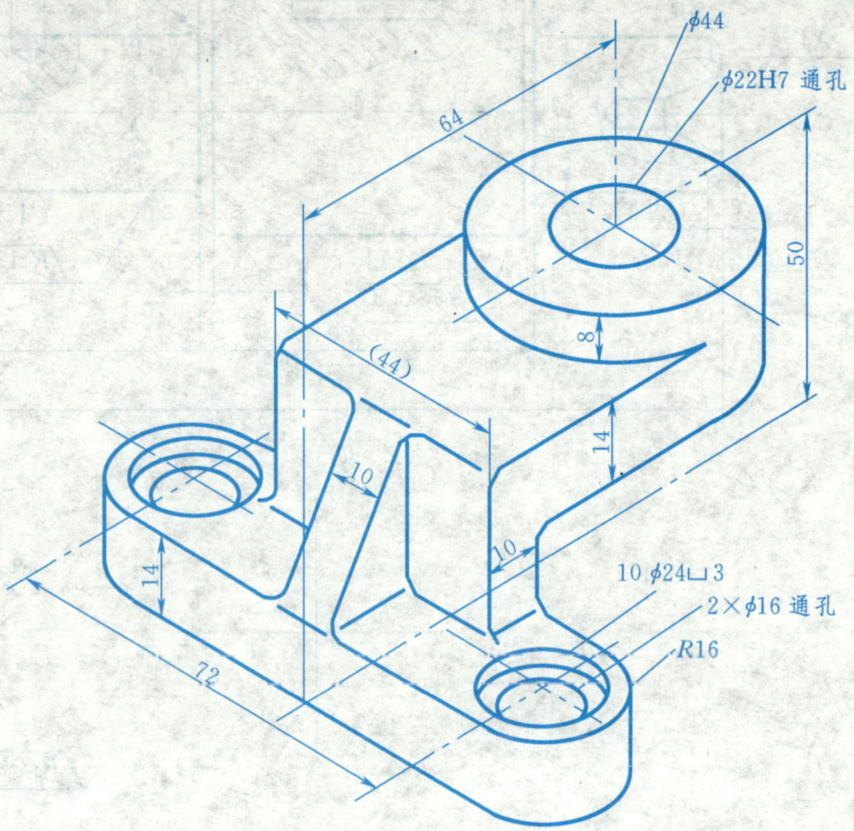

材料：HT200

技术要求

1. 铸件不得有裂纹、砂眼等缺陷。
2. 未标注圆角为$R3$。
3. ϕ16 孔和ϕ22H7 孔 $\sqrt{R_a 1.6}$，ϕ24 沉孔、底板下表面和ϕ44 圆柱上端面 $\sqrt{R_a 3.2}$，其余 ∀ (√)。

班级		姓名		学号	

(1)

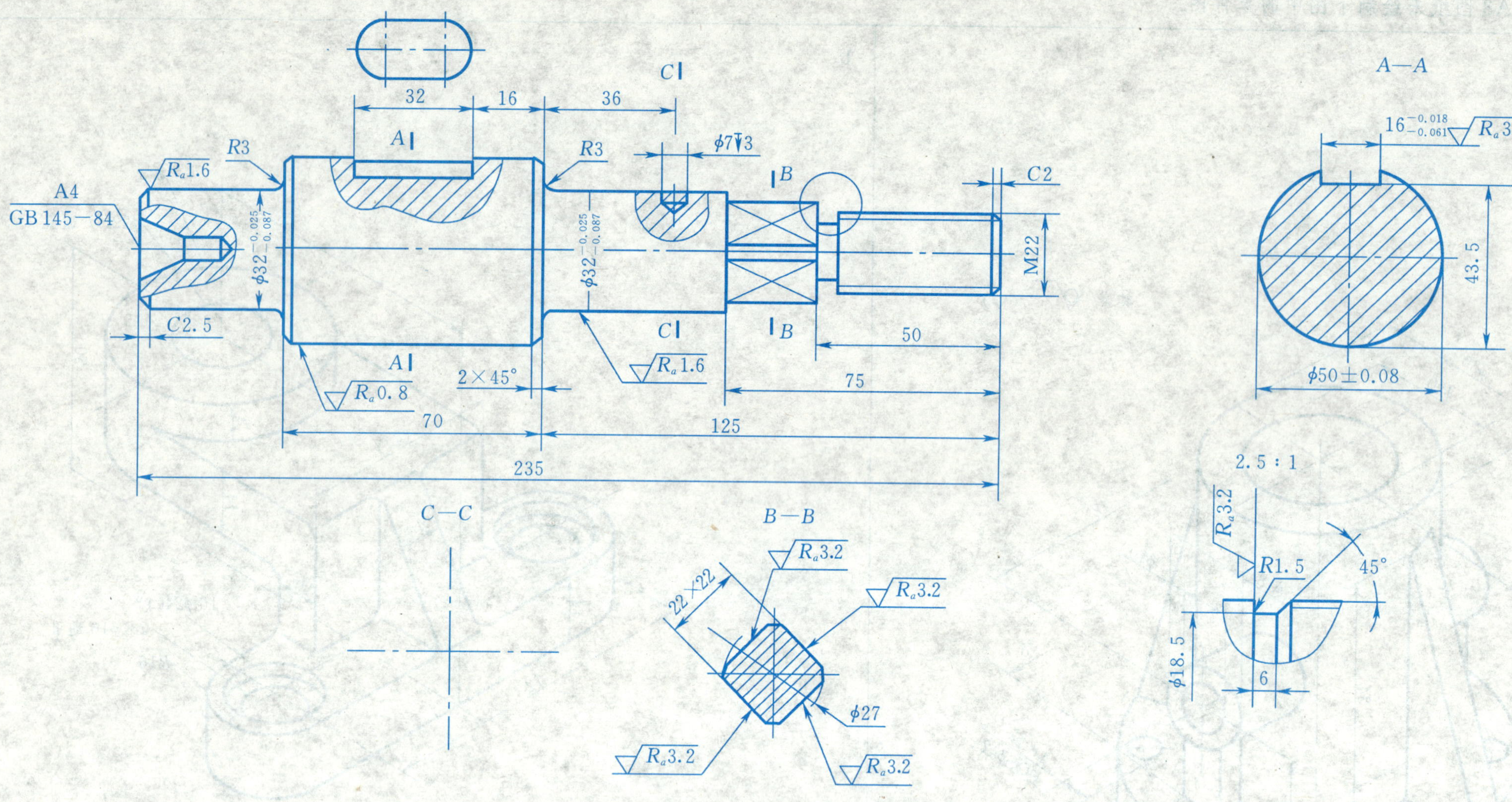

1）该零件属于________类零件，材料为________。

2）该零件图采用________个基本视图表达零件的结构和形状。主视图采用________剖视，表达轴的内部结构；采用________表达退刀槽结构；采用________表达键槽处的断面结构。

3）用指引线和文字在图中注明轴向和径向的主要尺寸基准。

4）主视图中的尺寸 235、32、16、36、ϕ7 属于：总体尺寸________________；定位尺寸________________；定形尺寸________。

5）键槽长度为________，宽度为________，注出 43.5 是为了便于________。

6）ϕ50±0.08 的上极限偏差为________，下极限偏差为________，上极限尺寸为________，下极限尺寸为________，公差为________。

7）该轴的表面质量要求最高的表面粗糙度代号为________。

8）根据技术要求第二条，在图中正确位置标注出几何公差。

9）作出 C—C 的移出断面图。

$\sqrt{R_a 6.3}$ （√）

技术要求

1. 调质 230～260HB，高频淬火 50～58HRC（螺纹表面除外）。
2. $\phi 32^{-0.025}_{-0.087}$ 两轴圆柱面对 ϕ50±0.08 轴线的圆跳动公差为 0.04。
3. 线性未注公差为 GB/T 1804—m。

轴			比例		（图号）
			件数	1	
班级		（学号）	材料	45	成绩
制图		（日期）			
审核		（日期）			

8.7 读零件图，回答问题	班级		姓名		学号	

(2)

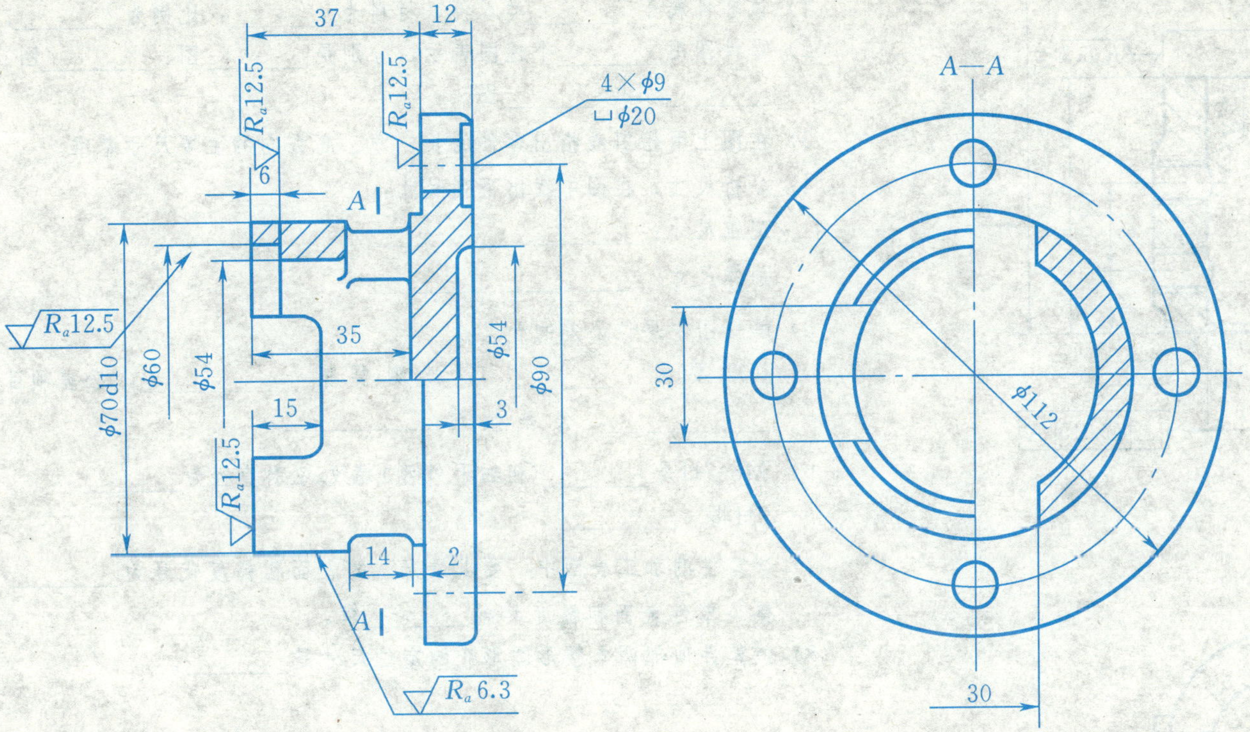

1) 该零件属于________类零件，材料为________，选用比例为________。

2) 该零件用________个基本视图表示，左视图采用________剖视，其剖切位置在________视图中注明。

3) 在图中用箭头和文字分别注明轴向和径向主要尺寸基准。

4) φ70d10 的基本尺寸为________，d 表示________，10 表示________，d10 表示________。查表确定极限偏差数值：上偏差为________，下偏差为________，最大极限尺寸为________，最小极限尺寸为________，公差为________。

5) 左端面的表面粗糙度要求数值为________，φ54 孔内表面的表面结构要求代号为________。该零件的表面质量共有________种不同要求。

6) 解释代号 $\frac{4\times\phi9}{⌴\phi20}$ 的含义。

7) 在图中标出以下形位公差：

①端盖右端面相对于 φ54 孔轴线的垂直度公差为 0.06；

②φ70d10 外圆柱轴线相对于 φ54 内孔轴线的同轴度公差为 φ0.04。

技术要求

1. 铸件不得有气孔、裂纹等缺陷。
2. 未注圆角均为 R3。

(√)

轴承盖			比例	数量	材料
			1∶2	1	HT150
制图					
审核					

8.7 读零件图，回答问题

班级		姓名		学号	

(3)

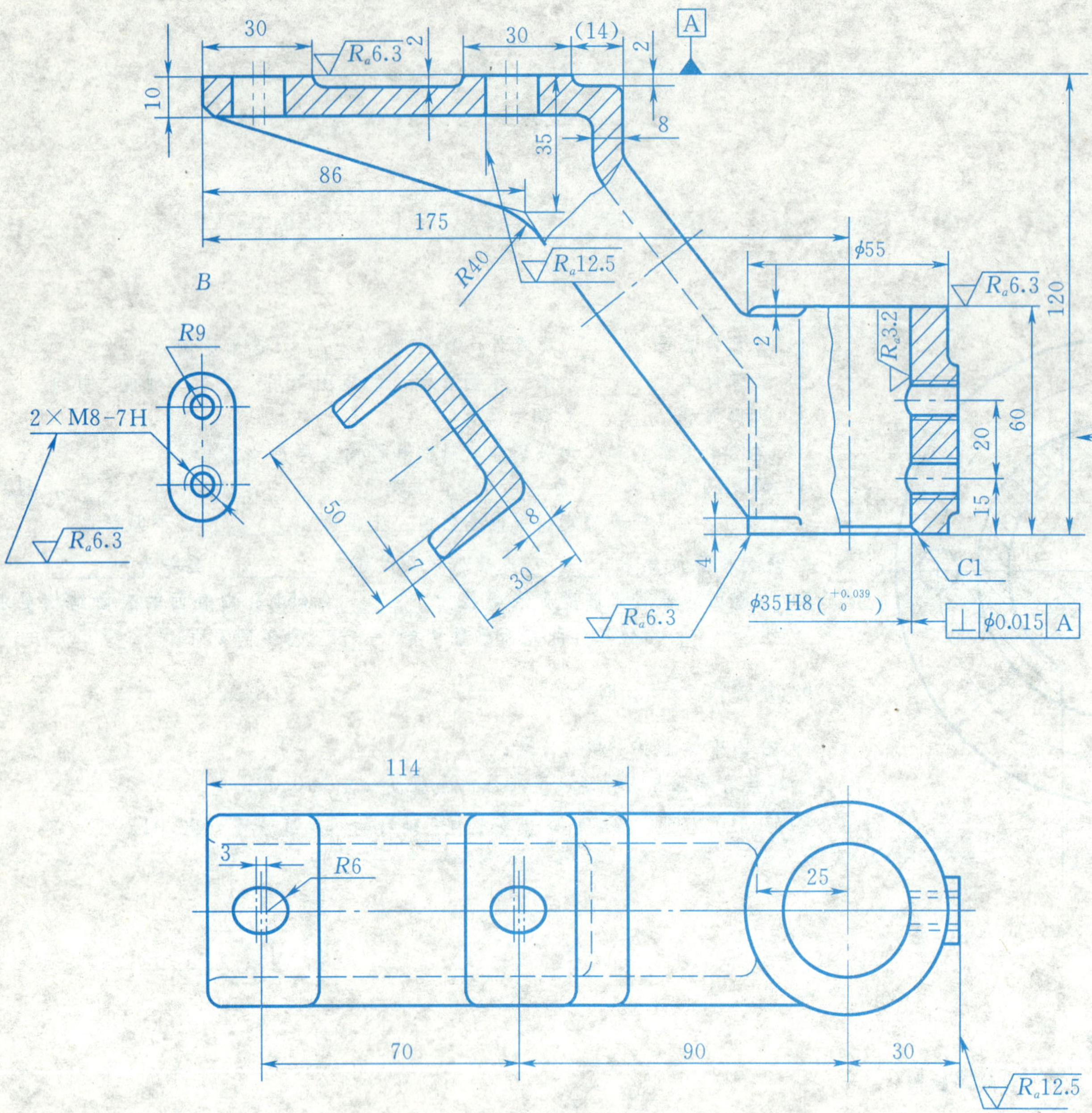

1) 该零件属于________类零件，材料为________，比例为________。

2) 零件图用________个视图表示，分别是________图、________图、________图和________图。

3) 在图上用指引线指出零件的长、宽、高方向的主要尺寸基准。

4) 分析尺寸，在图中找出下列尺寸：

定位尺寸：________________

总体尺寸：________________

5) 解释图中形位公差的含义：

基准要素________，被测要素________，公差项目________，公差数值________。

6) M8-7H是________(粗细牙、类型)螺纹，公称直径为________，7H指________。

7) 该零件的加工表面中，要求最光洁的表面粗糙度代号为________，整个零件表面粗糙度共有________级。

8) 该零件顶部两个腰形圆形孔的定位尺寸是________。

(√)

技术要求

1. 未注圆角 $R3\sim R5$；
2. 铸件不得有砂眼、裂纹。

托架	比例	数量	材料
	1∶2	1	HT200
制图			
审核			

8.7 读零件图，回答问题

班级		姓名		学号	

(4) 读齿轮零件图，回答以下问题。

1) 零件图采用了________剖视图作为主视图，采用了________视图来表达零件图。

2) 该齿轮模数 m 为________，旋向为________，小径为________。

3) $4\times\phi70$ 小孔的定位尺寸为________。

4) 齿轮键槽工作面粗糙度____________，齿轮表面粗糙度____________。

5) [↗|0.032|A] 的含义是____。

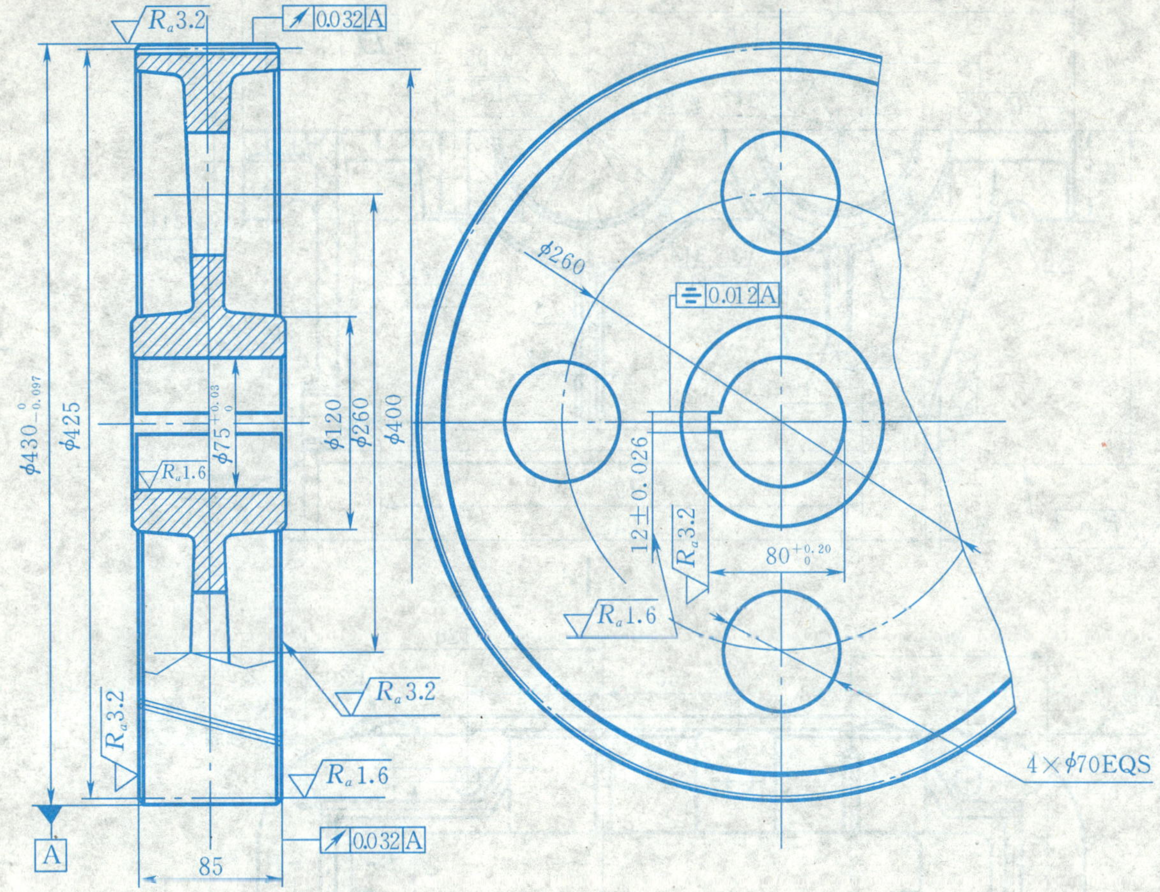

法向模数	m_n	2.5
齿数	z	165
齿形角	α	20°
齿顶高系数	h_{an}^*	1
螺旋角	β	13°55′50″
全齿高	h	5.625
径向变位系数	x	0
螺旋方向	右旋	
精度等级	7—FK	
齿轮副中心距及其极限偏差	$a\pm f_a$	255±0.0405
配对齿轮	齿数	165
公差组	检查项目代号	公差极限偏差
Ⅰ	f_p	0.112
Ⅱ	$\pm f_{pt}$	0.018
Ⅲ	f_f	0.017
Ⅲ	f_β	0.016

技术要求

1. 调质220～250HBS。
2. 未标注的圆角为$R5$。
3. 未标注的倒角为$C2$。
4. 清除毛刺。

$\sqrt{R_a12.5}$ ($\sqrt{}$)

斜齿轮			比例	1∶2	图号	
			数量	1	重量	
设计			机械设计课程设计			
绘图						
审阅						

8.7 读零件图，回答问题 | 班级 | 姓名 | 学号

(5) 读减速器箱体零件图，回答以下问题。

1) 表达减速器箱体采用了_____个基本视图，_____个辅助视图，其中主视图采用_____剖视表达，左视图采用_____剖视和_____剖视相结合的表达方法。

2) 2×ϕ8配合的含义__________，8×M8的含义__________。4槽6的含义__________。

3) 零件的总长、总宽、总高尺寸分别为__________。

4) 用"△"注出长、宽、高的主要尺寸基准。

5) ϕ62H7的含义__________。

6) 图中D面的粗糙度为______。

7) 减速器箱体的用料为______。

8) B—B处的槽宽为______，槽深为______。

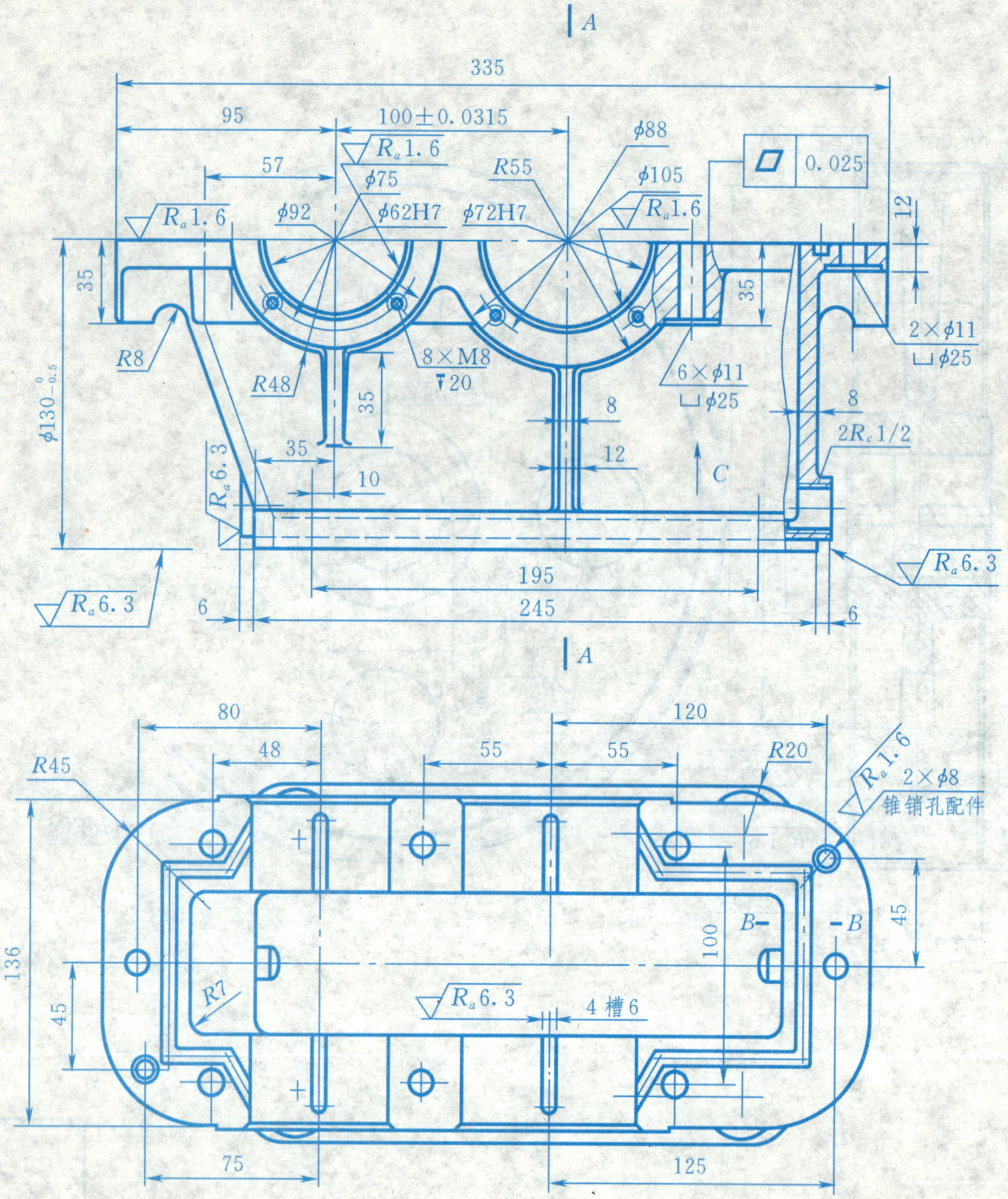

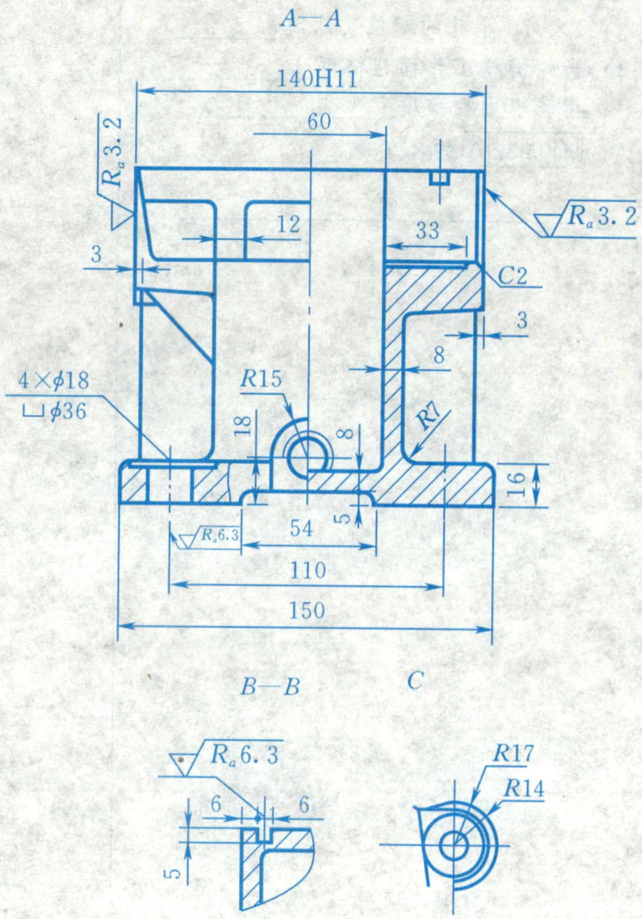

技术要求

1. 未注明铸造圆角为R3～5mm。
2. 机体不准漏油。

(√)

减速器箱体	比例	数量	材料	（图号）
制图				
校核				

班级		姓名		学号	

(1)

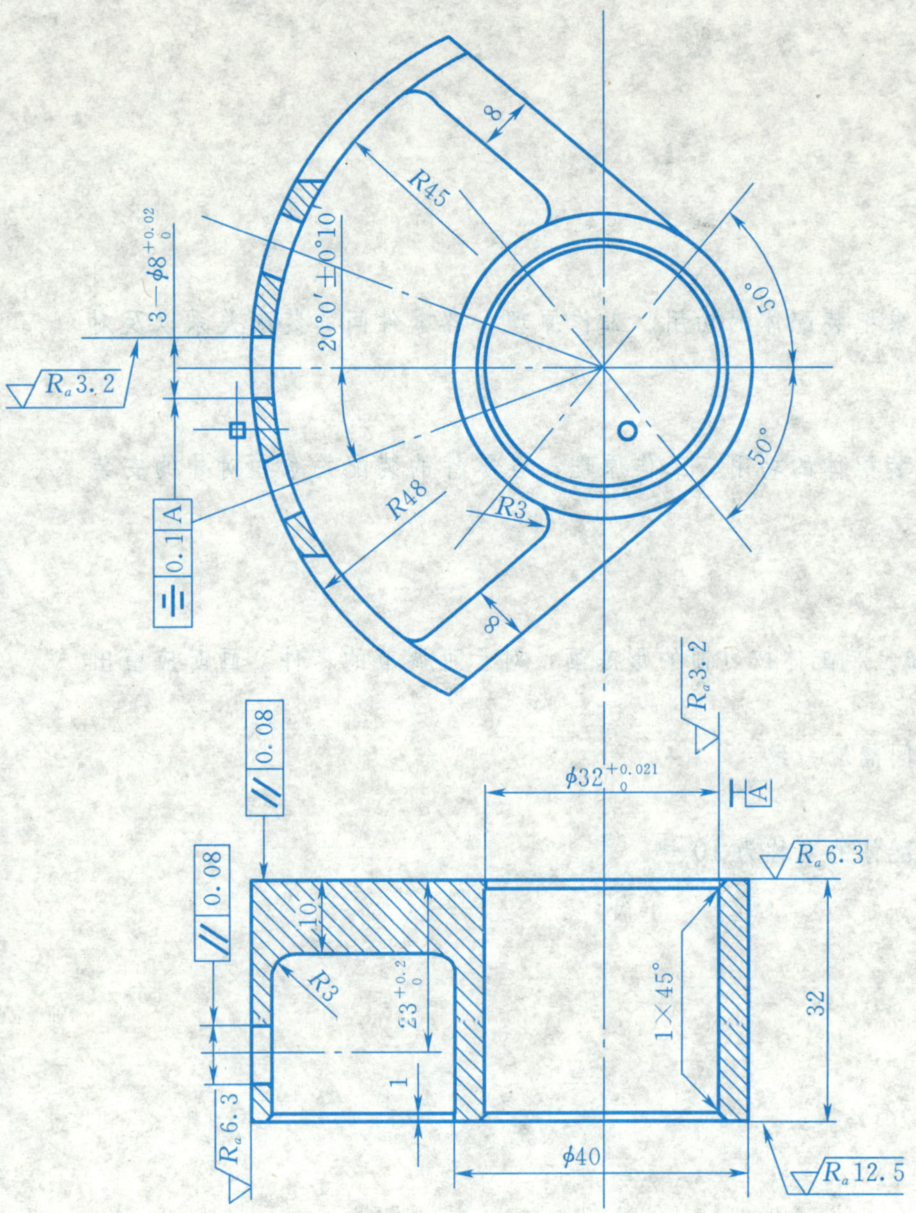

技术要求

时效处理。

$\sqrt{R_a 2.5}$ (√)

扇形盘		比例		(图号)
		件数		
	(学号)	材料	HT200	
制图		(日期)		
审核		(日期)		

(2)

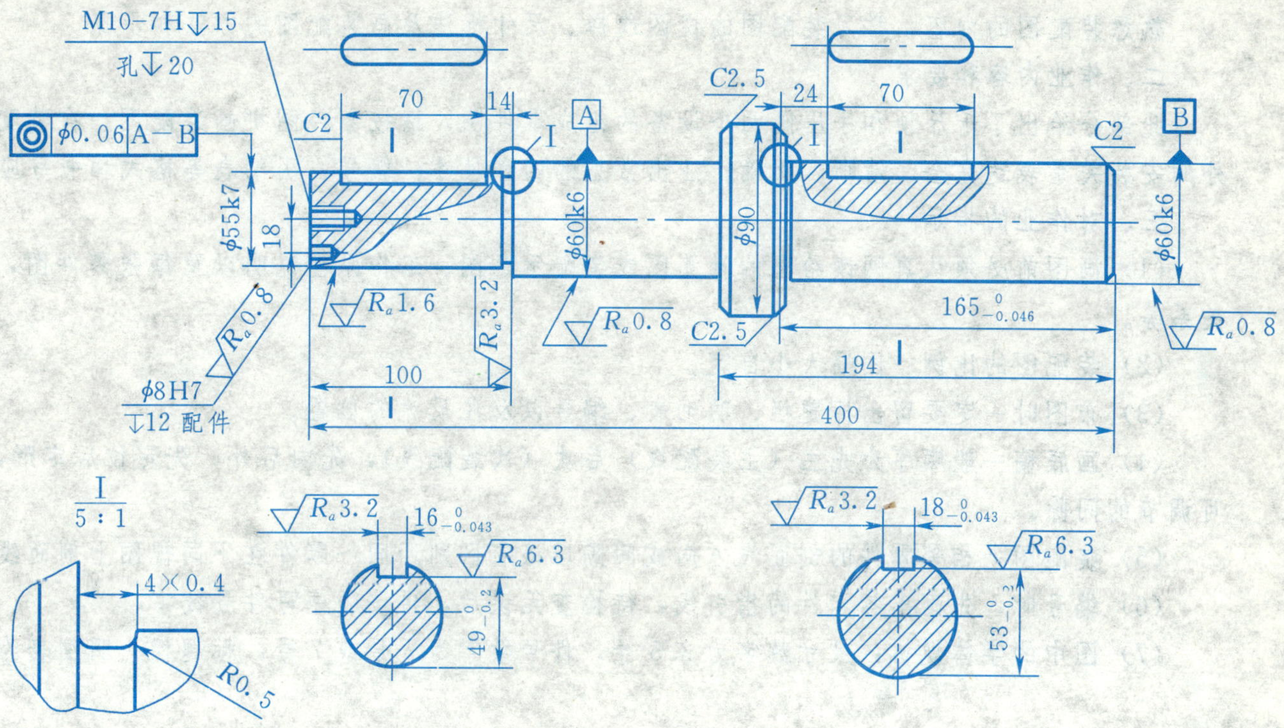

技术要求

调质(220～250)HBW。

$\sqrt{R_a 12.5}$ (√)

轴		比例		(图号)
		件数		
	(学号)	材料	45	
制图		(日期)		
审核		(日期)		

第9章 装 配 图

9.1 根据零件图拼画装配图	班级		姓名		学号	

拼画装配图作业指导书

一、作业目的

熟悉装配图的内容，学习装配图的视图选择、尺寸标注及画装配图的方法和步骤。

二、作业内容和要求

此部分给出了千斤顶和手压阀两个设备的组成零件图，请按零件图拼画装配图。在装配图上，要求把装配体的功用、工作原理，各零件间的装配关系以及对外的安装关系表达完全、清晰、正确；注出常见的四种尺寸；编号、明细表等格式和书写应符合规定。

三、对作业的指示

(1) 画图前必须认真阅读给出的轴测图或装配示意图、工作原理说明以及每张零件图，搞清楚该装配体的功用、工作原理、各零件的装配关系和对外的安装关系等。

(2) 装配图的比例、图幅大小自定。

(3) 布图时一定要留出标题栏、明细表、编号以及注尺寸的位置。

(4) 画底稿一般顺序为先主（主装配线）后次（次装配线），先内后外，先定位后定形，先粗后细。装配体按习惯的形态画，对于可调节的零件，画时应留出可调节的间隙。

(5) 装配图上相邻零件的剖面线方向或间隔应该有区别。同一零件在不同视图上剖面线的方向和间隔应一致。

(6) 编号时，先画出各零件的指引线，待检查无误后，再按顺序写件号数字。

(7) 图中的字体规格：尺寸数字为3.5号，件号数字为5号或7号，标题栏、明细表为5号，装配体的名称为10号。

9.1 根据零件图拼画装配图	班级		姓名		学号	

(1) 千斤顶。

千斤顶工作原理：千斤顶是利用螺旋转动来顶举重物的一种起重或顶压工具，常用于汽车修理及机械安装中。工作时，重物压于顶垫之上，将绞杠穿入螺旋杆上部的孔中，旋动绞杠，因底座及螺套不动，则螺旋杆在作圆周运动的同时，靠螺纹的配合作上下移动，从而顶起或放下重物。螺套镶在底座里，并用螺钉定位，磨损后便于更换；顶垫套在螺旋杆顶部，其球面形成传递承重之配合面，由螺钉锁定，使顶垫不致脱落且能与螺旋杆相对转动。

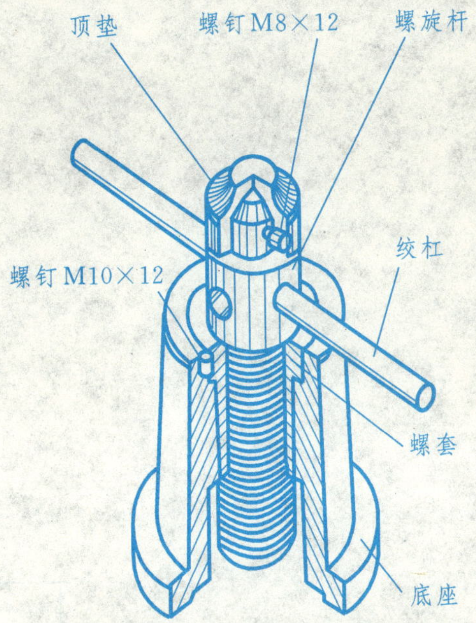

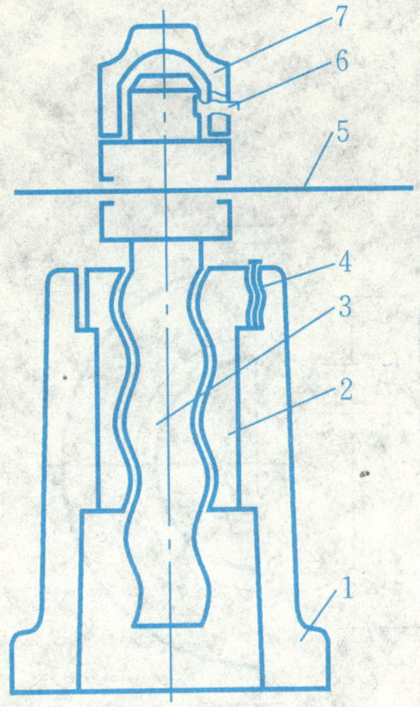

7		顶垫	Q235－A	1
6	GB/T 75—1985	螺钉M8×12	Q235－A	1
5		绞杠	Q235－A	1
4	GB/T 73—1985	螺钉M10×12	Q235－A	1
3		螺旋杆	Q275	1
2		螺套	ZCuAl10Fe3	1
1		底座	HT200	1
序号	代号	名称	材料	数量

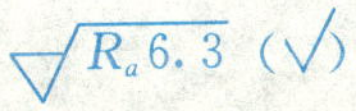

名称	绞　杠	序号	5
数量	1	材料	Q235-A

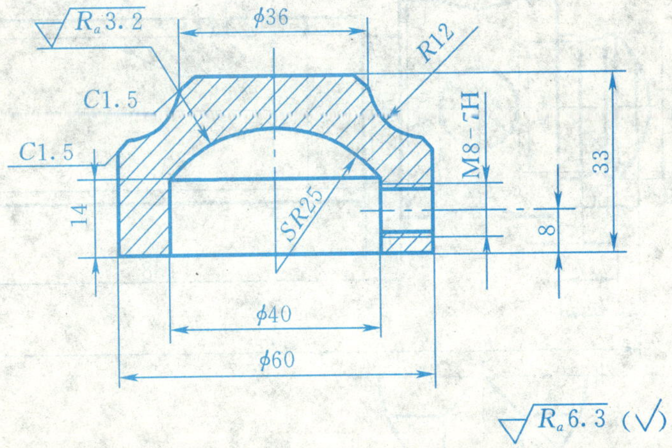

名称	顶　垫	序号	7
数量	1	材料	Q235－A

9.1 根据零件图拼画装配图

班级		姓名		学号	

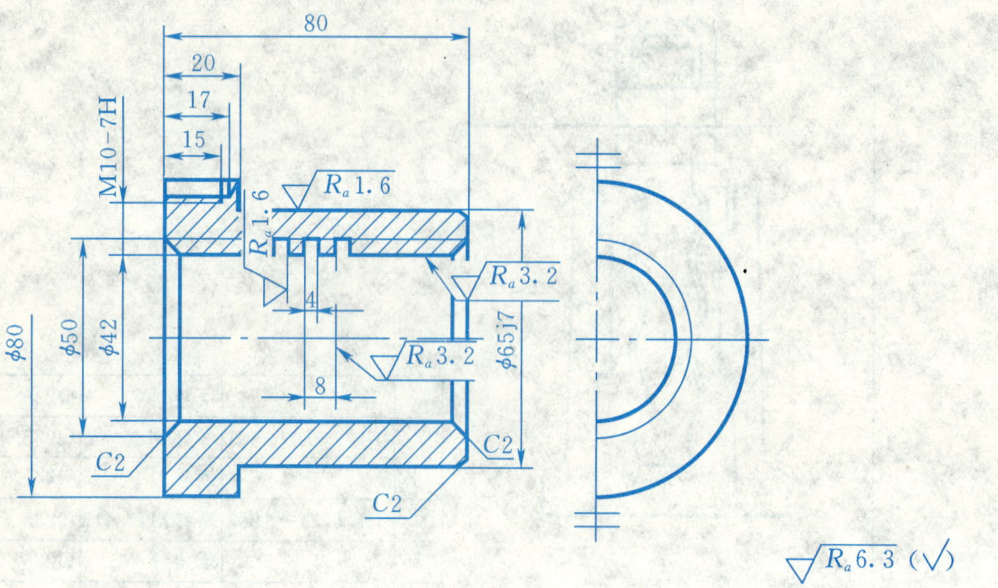

名称	螺　　套		序号	2
数量	1	材料	ZCuAl10Fe3	

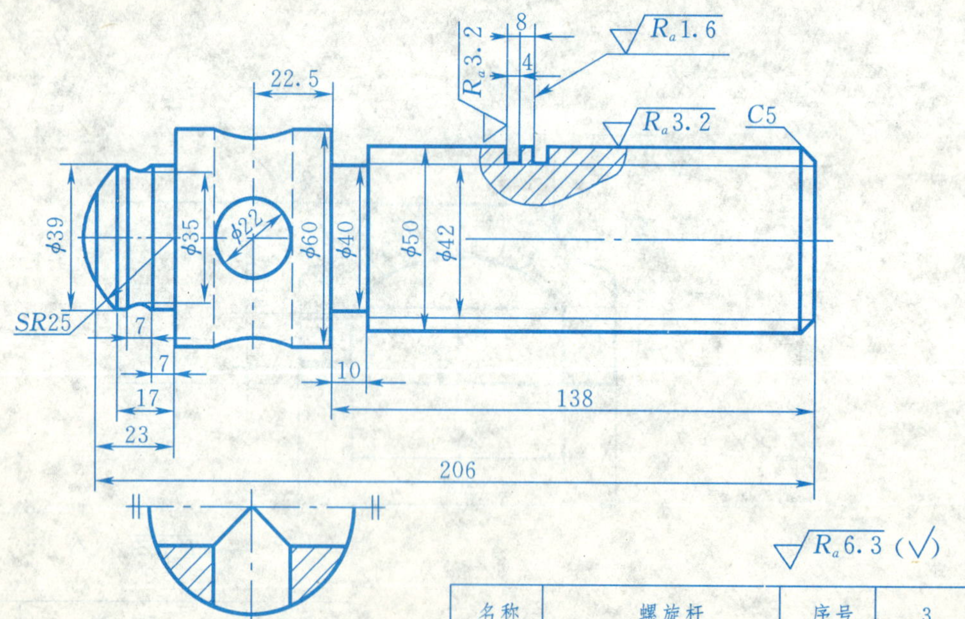

名称	螺旋杆		序号	3
数量	1	材料	Q275	

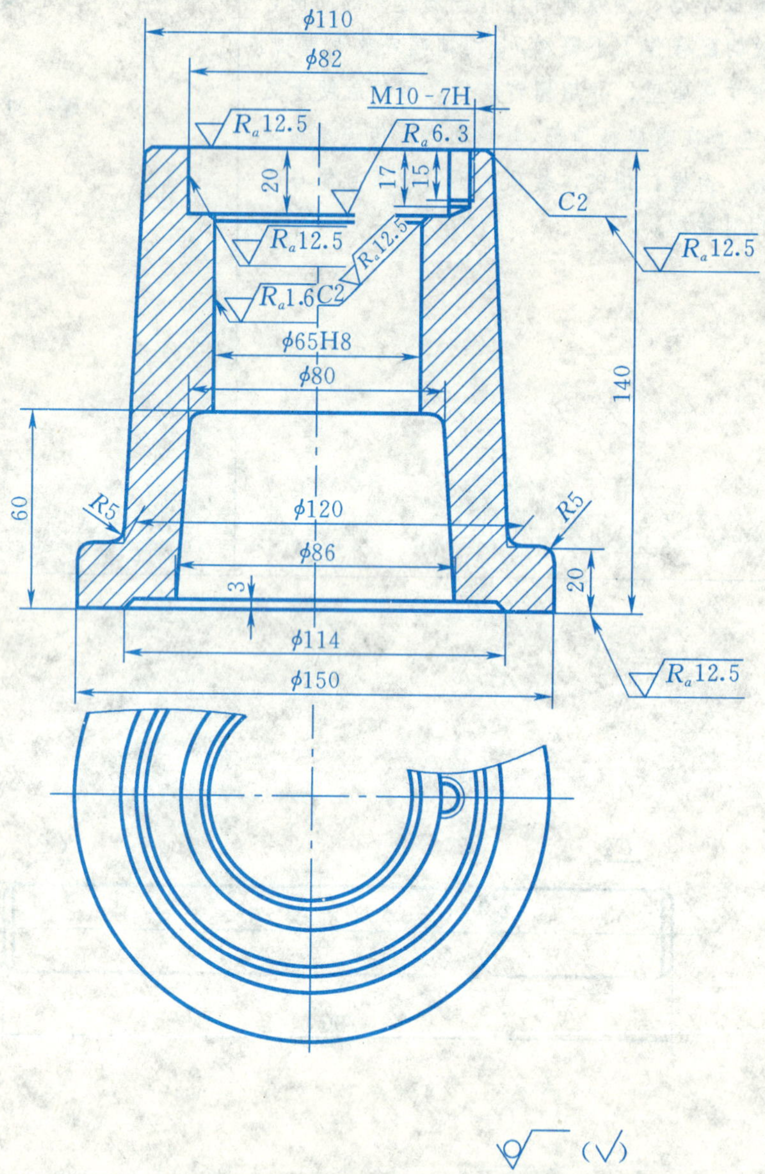

未注圆角 $R2$～$R4$。

名称	底　　座		序号	1
数量	1	材料	HT200	

9.1 根据零件图拼画装配图

班级		姓名		学号	

(2) 手压阀。

手压阀是吸进或排出液体的一种手动阀门。当握住手柄2向下压紧阀杆5时，弹簧9因受力压缩而使阀杆向下移动，此时液体入口与出口相通。手柄向上抬起时，由于弹簧弹力的作用，阀杆向上压紧阀体，使液体入口与出口不通。

手压阀轴测装配图

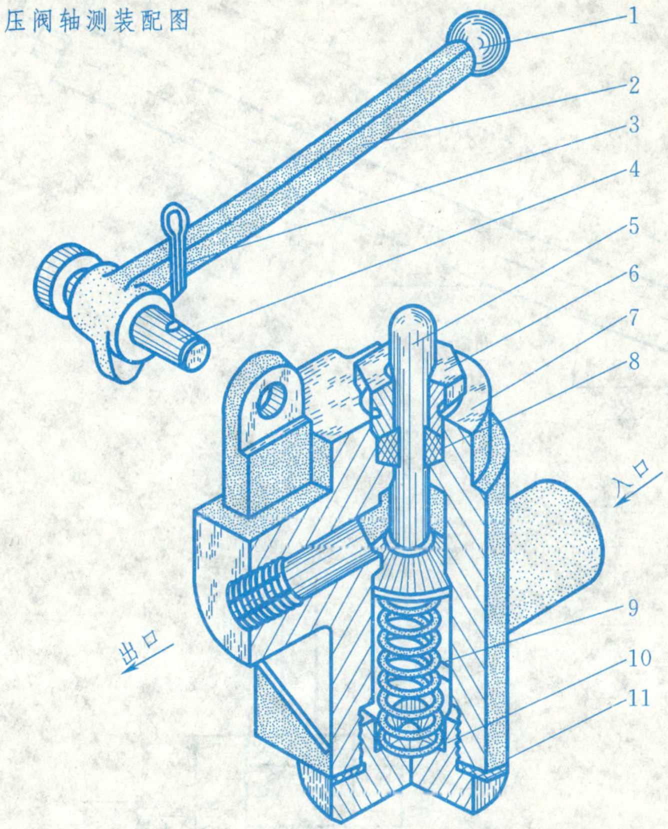

序号	名称
1	球头
2	手柄
3	销
4	销钉
5	阀杆
6	螺母
7	阀体
8	橡皮密封
9	弹簧
10	调节螺母
11	胶垫

装配图号：171000

标准件表：

序号	名称	规　　格	材料	数量
3	销	GB/T 91 4×14	35	1

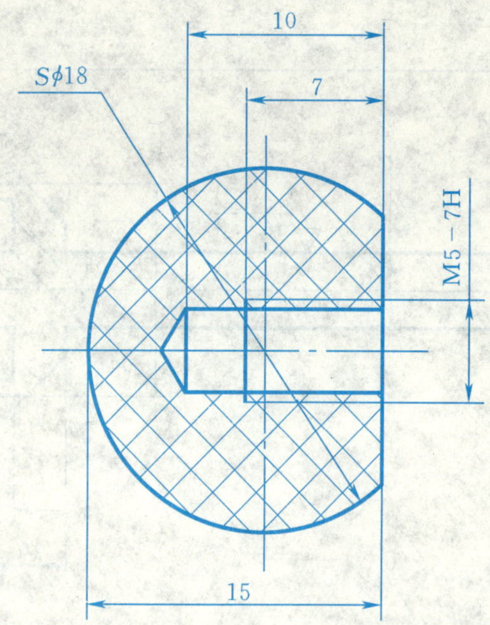

1	球体	胶木	2∶1	1件

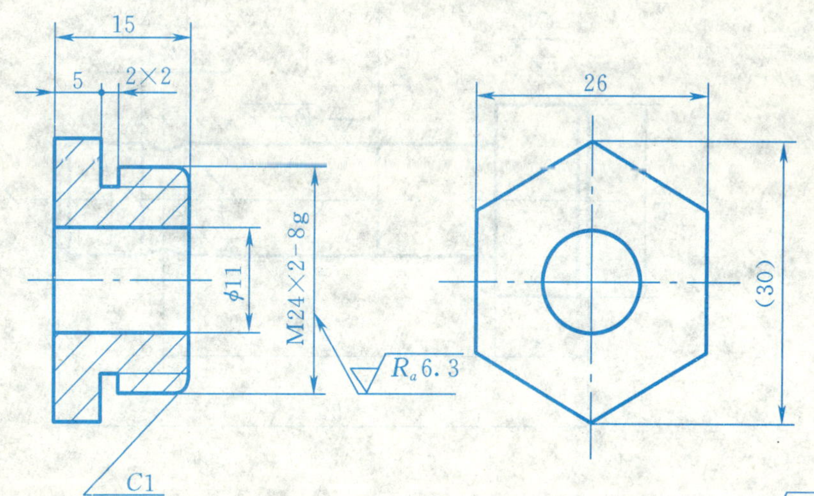

$\sqrt{R_a 12.5}$ ($\sqrt{}$)

6	螺母	Q235	1∶1	1件

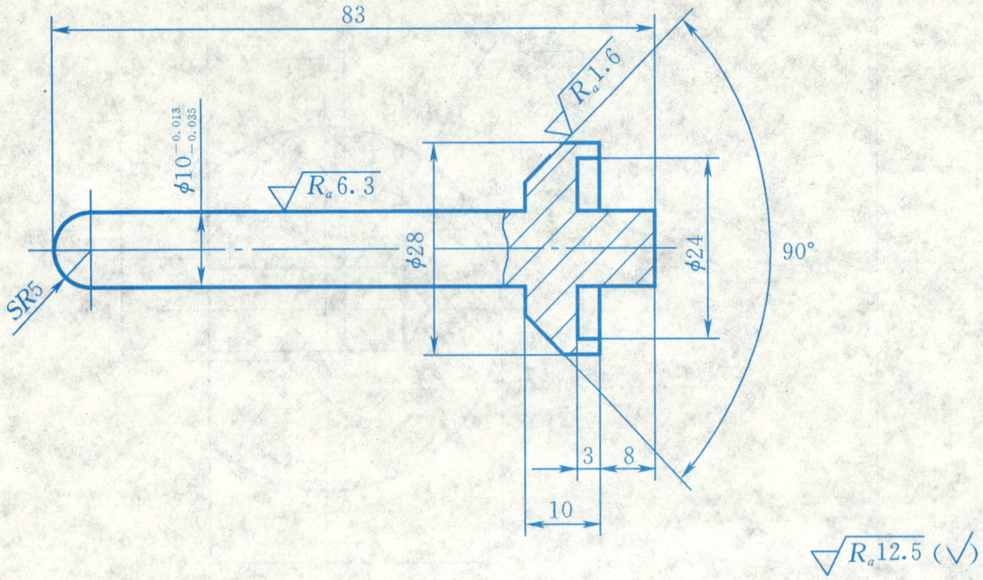

5	阀杆	45	1∶1	1件

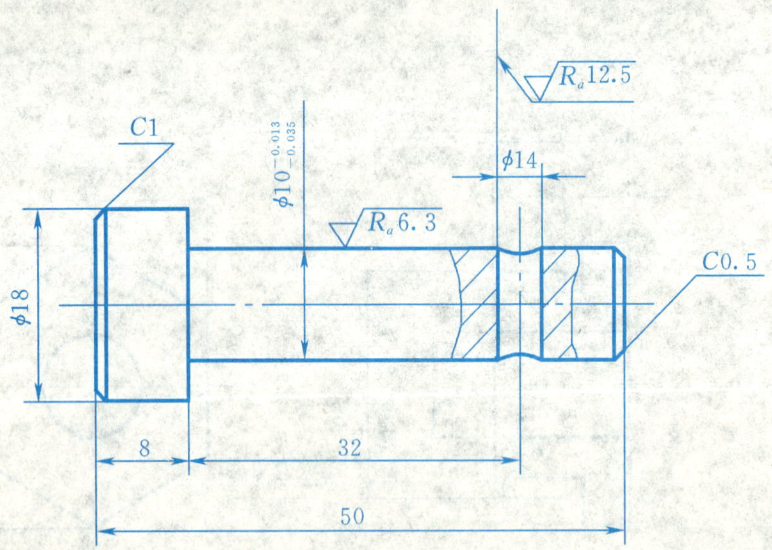

4	销钉	20	1∶1	1件

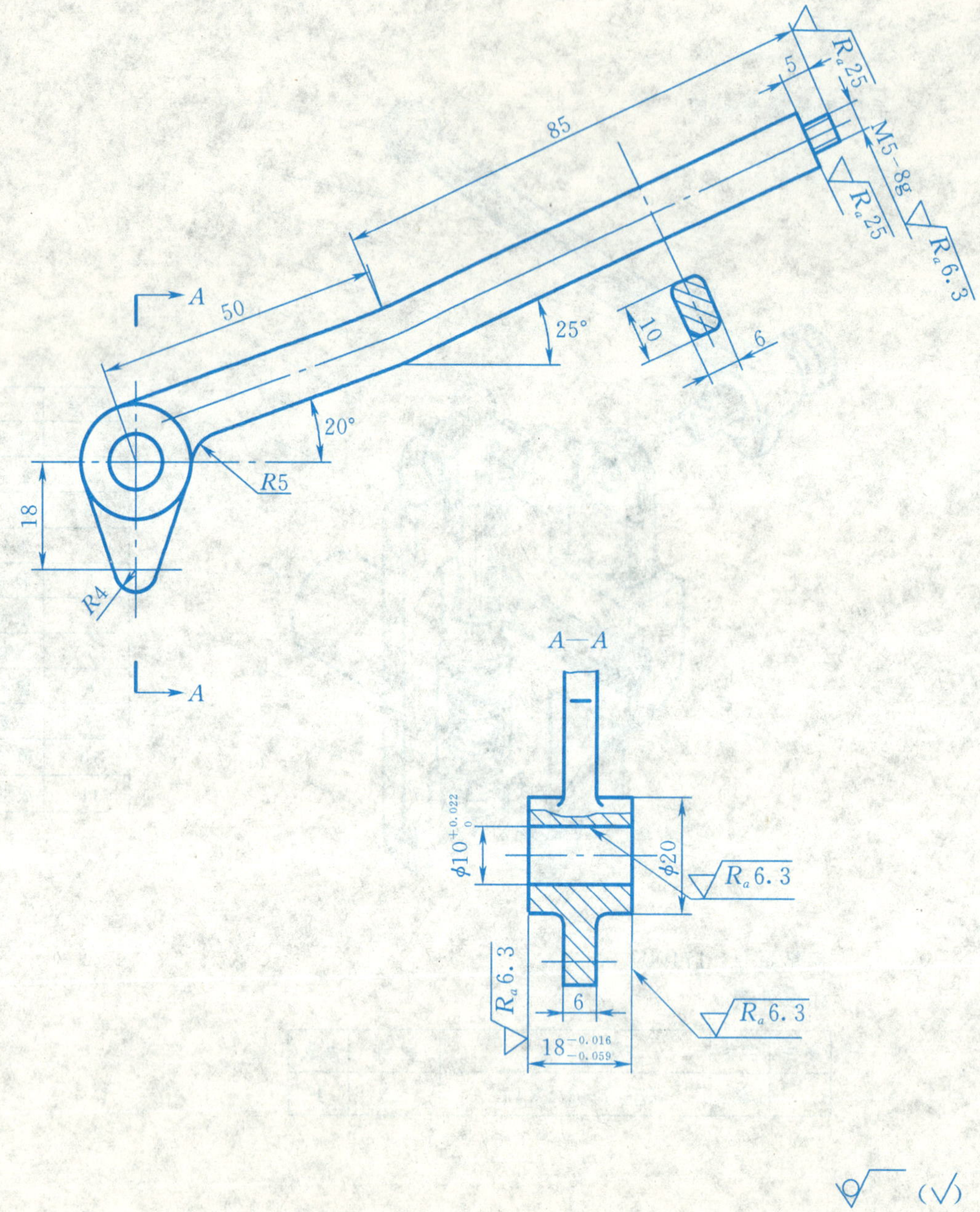

2	手柄	20	1∶1	1件

班级		姓名		学号	

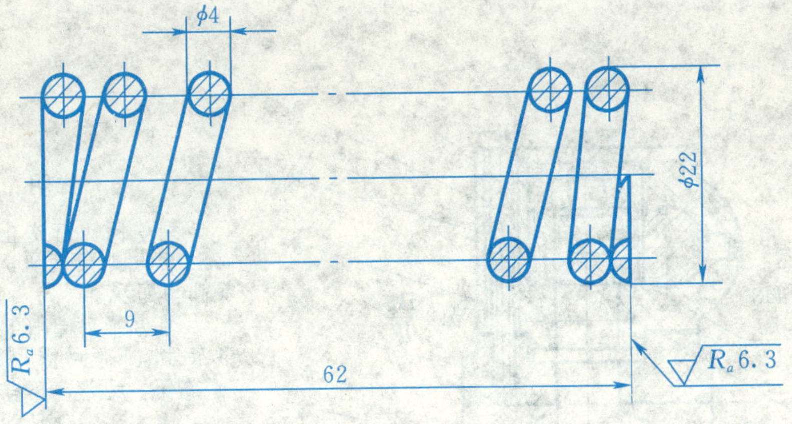

旋向　　右
有效圈数　6
总圈数　　8.5
展开长度 487

∇ (√)

9	弹簧	60CrVA	1∶1	1件

11	胶垫	橡胶	1∶1	1件

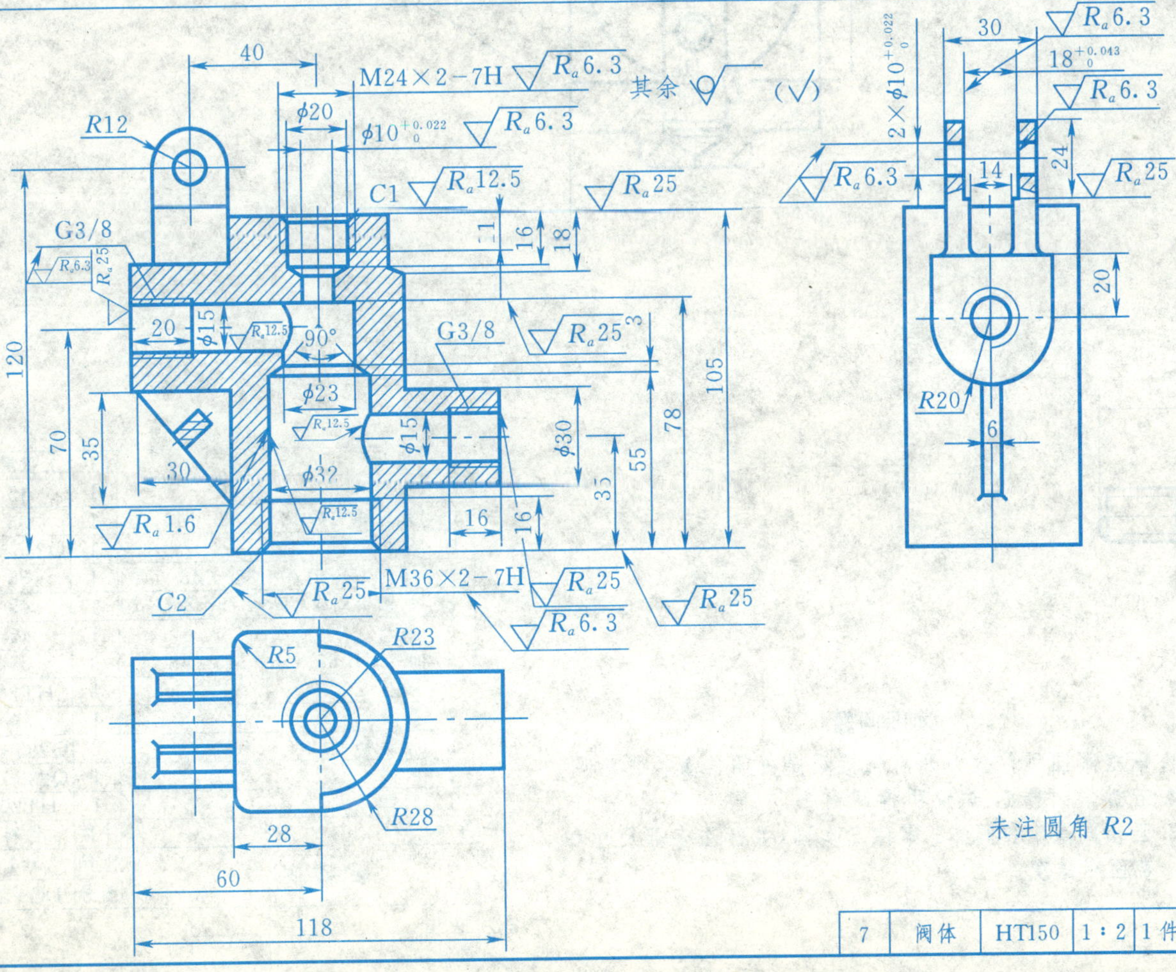

未注圆角 R2

7	阀体	HT150	1∶2	1件

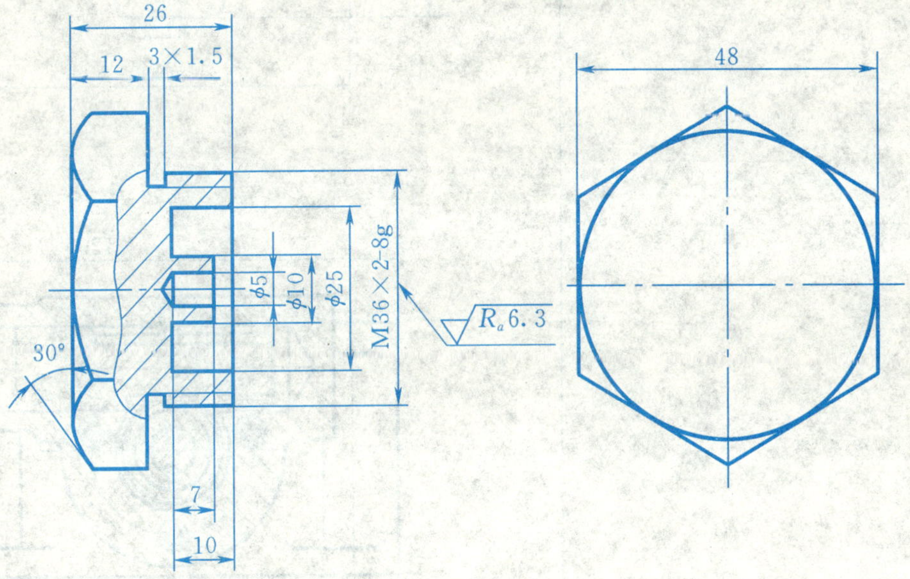

R_a12.5 (√)

10	调节螺母	Q235	1∶1	1件

为加强同学的空间构思、想象和表达能力，安排了六个题目，分别是蝴蝶阀装配图、换向阀装配图、柱塞泵装配图、台钳装配图、齿轮泵装配图和压片机装配图，请仔细阅读装配图并拆画。

(1) 蝴蝶阀

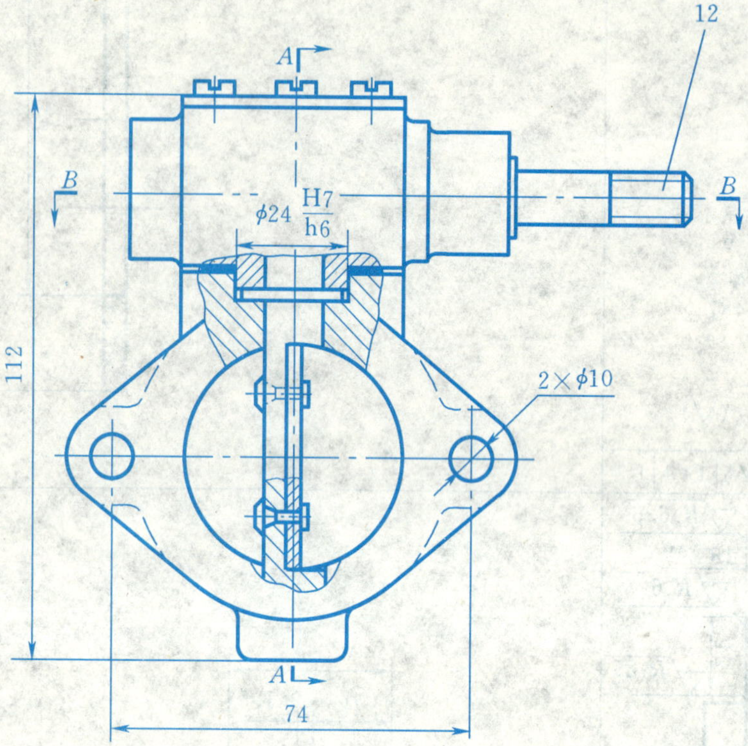

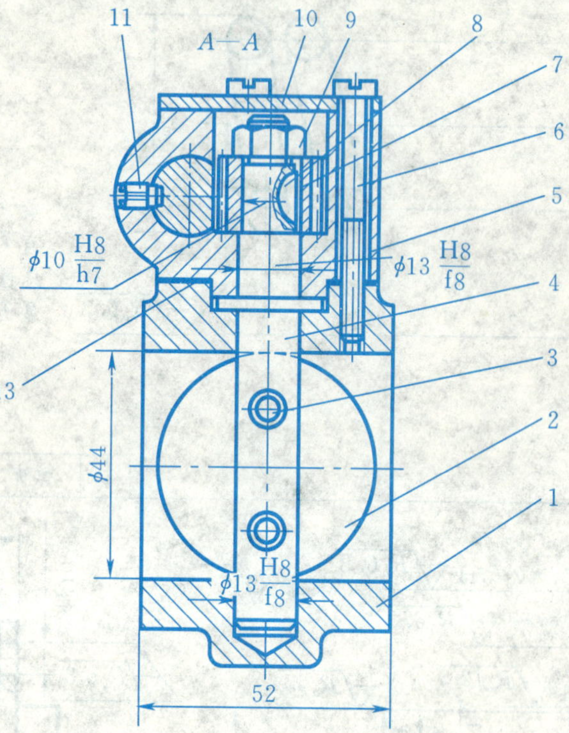

说明

蝴蝶阀为管道上截断气流或泄流的闸门装置。由齿轮齿条机构实现。

外力推动齿杆12时，阀杆4转动，并带动阀门2旋转，通道关闭。反之，开启。

B—B

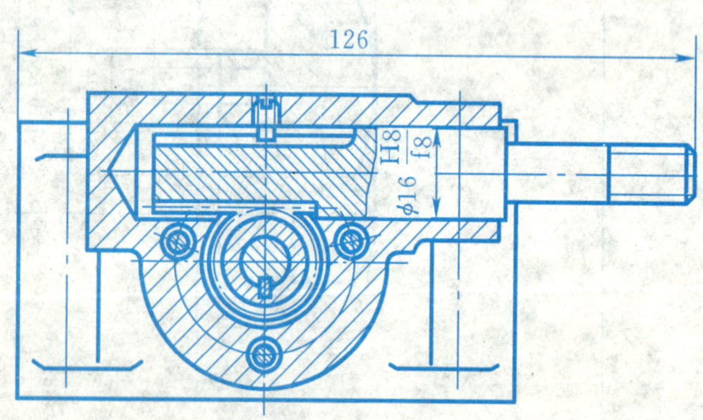

读图问题

1. 蝴蝶阀图示位置为开启位置还是关闭位置？试说明。
2. 若拆下阀杆4，试说明拆卸次序。
3. 画出阀盖5和阀体1零件工作图，并标注全部尺寸和表面粗糙度。

序号	名称	件数	材料
13	垫片	1	工业用纸
12	齿杆	1	45
11	紧定螺钉GB 75－85－M6×8	1	35
10	盖板	1	Q235－A
9	螺母 GB 6170－85－M8	1	35
8	半圆键GB 1098－79－2.5×10	1	45
7	齿轮	1	45
6	螺钉GB 65－85－M5×48	3	35
5	阀盖	1	HT200
4	阀杆	1	45
3	锥头铆钉	2	Q235－A
2	阀门	1	Q235－A
1	阀体	1	HT200

蝴蝶阀	比例	1:1
	图号	DC－10
制图		
审核		

(2) 换向阀。

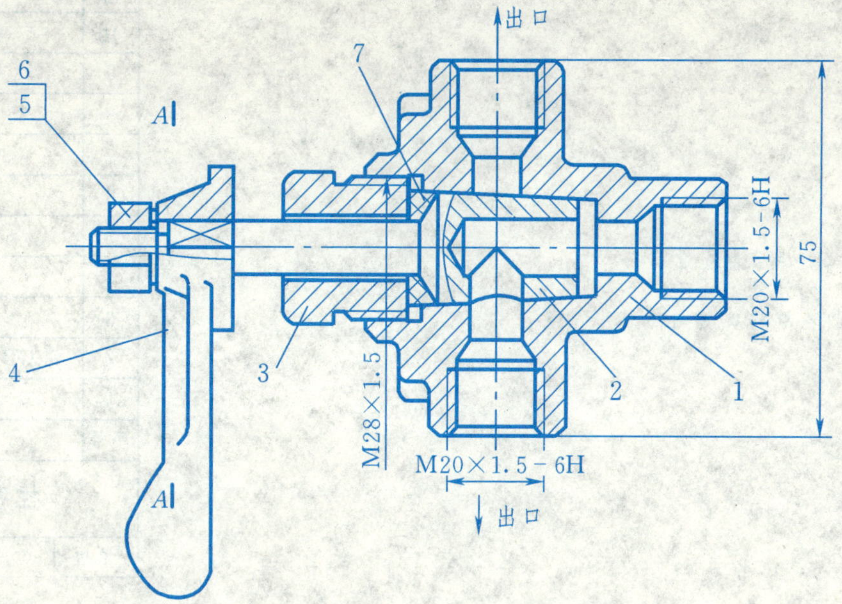

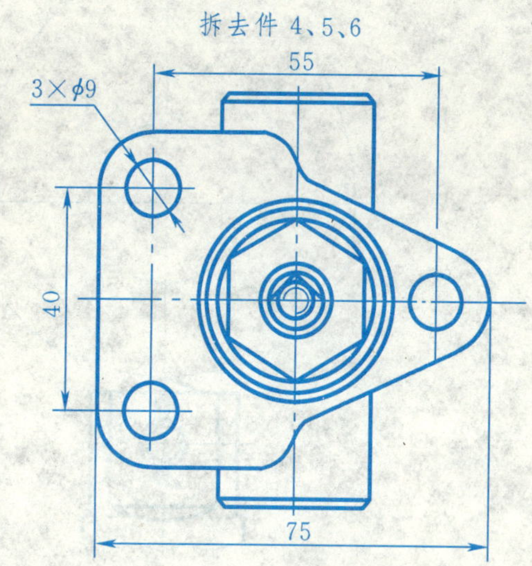

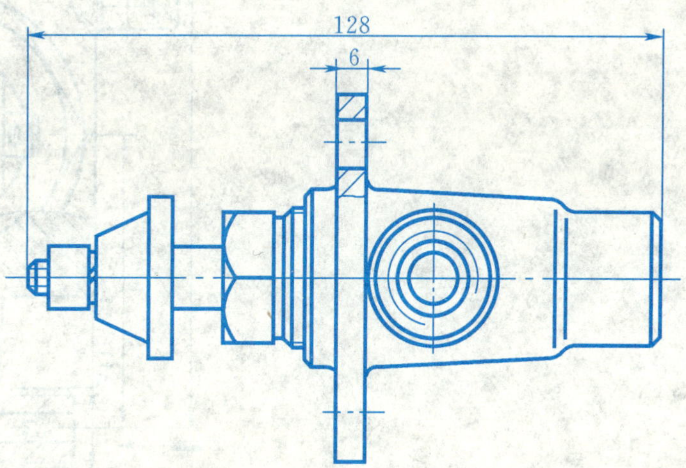

A—A

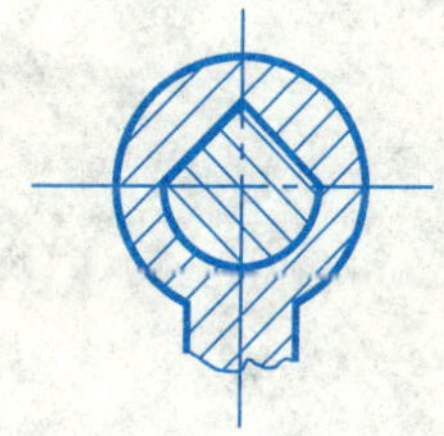

工作原理

本换向阀主要用于流体管路中控制流体的输出方向。在图示情况下，流体由右边进入，因上出口不通，就从下出口流出。当转动手柄4，使阀门2旋转180°时，则下出口不通，就改从上出口流出。根据手柄转动角度不同，还可以调节出口处的流量。

序号	代号	名称	数量	材料	单重	总重	备注
7	XT90-01.05	填料	1	石棉			
6	GB/T 6170—2000	螺母 M8	1	Q235			
5	GB/T 93—1987	垫圈 8	1	65Mn			
4	XT90-01.04	手柄	1	HT200			
3	XT90-01.03	锁紧螺母	1	HT200			
2	XT90-01.02	阀门	1	Q235			
1	XT90-01.01	阀体	1	HT200			

标记	处数	分区	更改文件号	签名	年、月、日	装配图	换向阀
设计		标准化				阶段标记 重量 比例	
审核							
工艺		批准				共 张 第 张	XT90-01

(3) 柱塞泵。

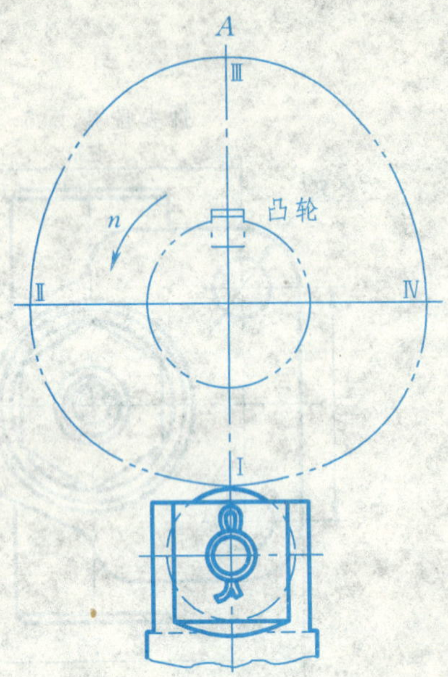

说明

当凸轮方向旋转由Ⅰ到Ⅲ时，活塞5下降，油液推开滚珠11流出，凸轮继续转动由Ⅲ到Ⅰ时，活塞5上升，滚珠11关闭油孔，油液从入口处进入。凸轮继续旋转则在供油系统连续供油。

序号	名称	件数	材料
14	螺塞	2	35
13	弹簧	2	65Mn
12	球托	2	35
11	滚珠	2	GCr15
10	单向阀体	2	35
9	衬垫	2	Al
8	弹簧	1	65Mn
7	柱塞套	1	45
6	垫片	1	工业用纸
5	柱塞	1	45
4	小轴	1	45
3	小轮	1	45
2	销 GB 91-86-2×12	1	35
1	泵体	1	HT150

柱塞泵	比例	1:1
	图号	DC-07
单位		

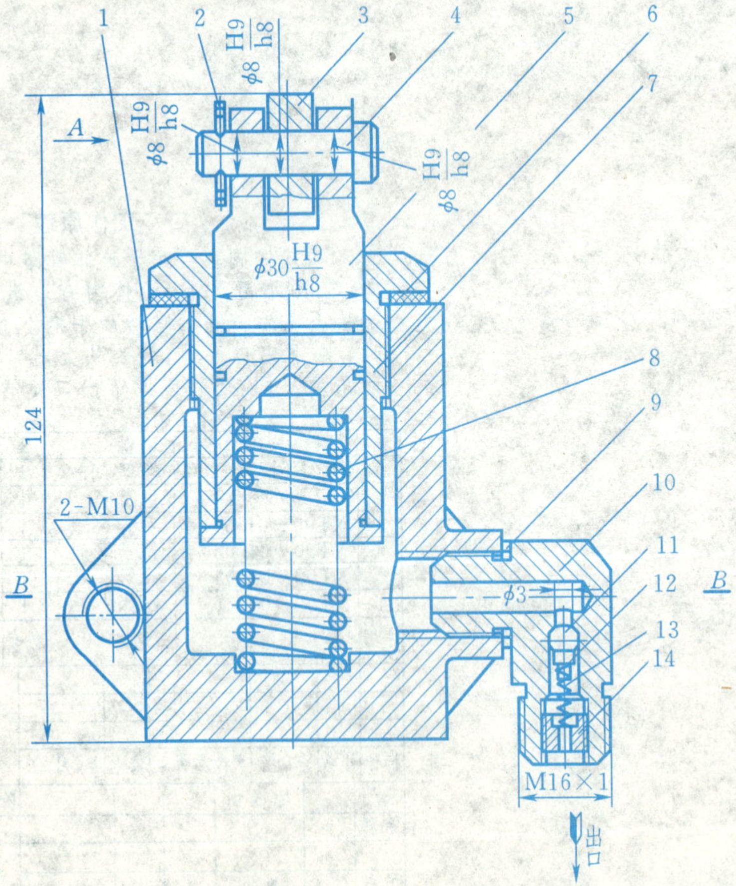

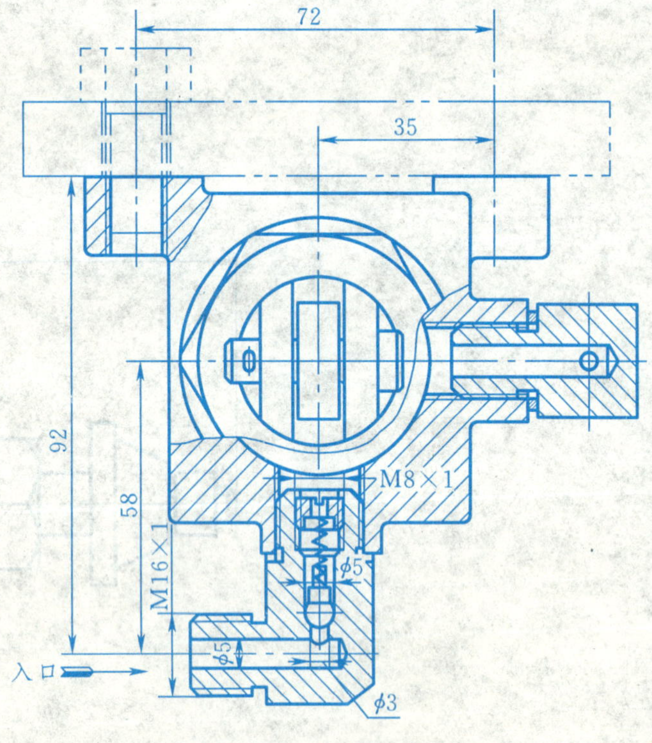

B—B

读图问题

看懂部件工作原理，画出零件1的工作图。

9.2 读装配图并拆画零件图

班级		姓名		学号	

(4) 平口钳。

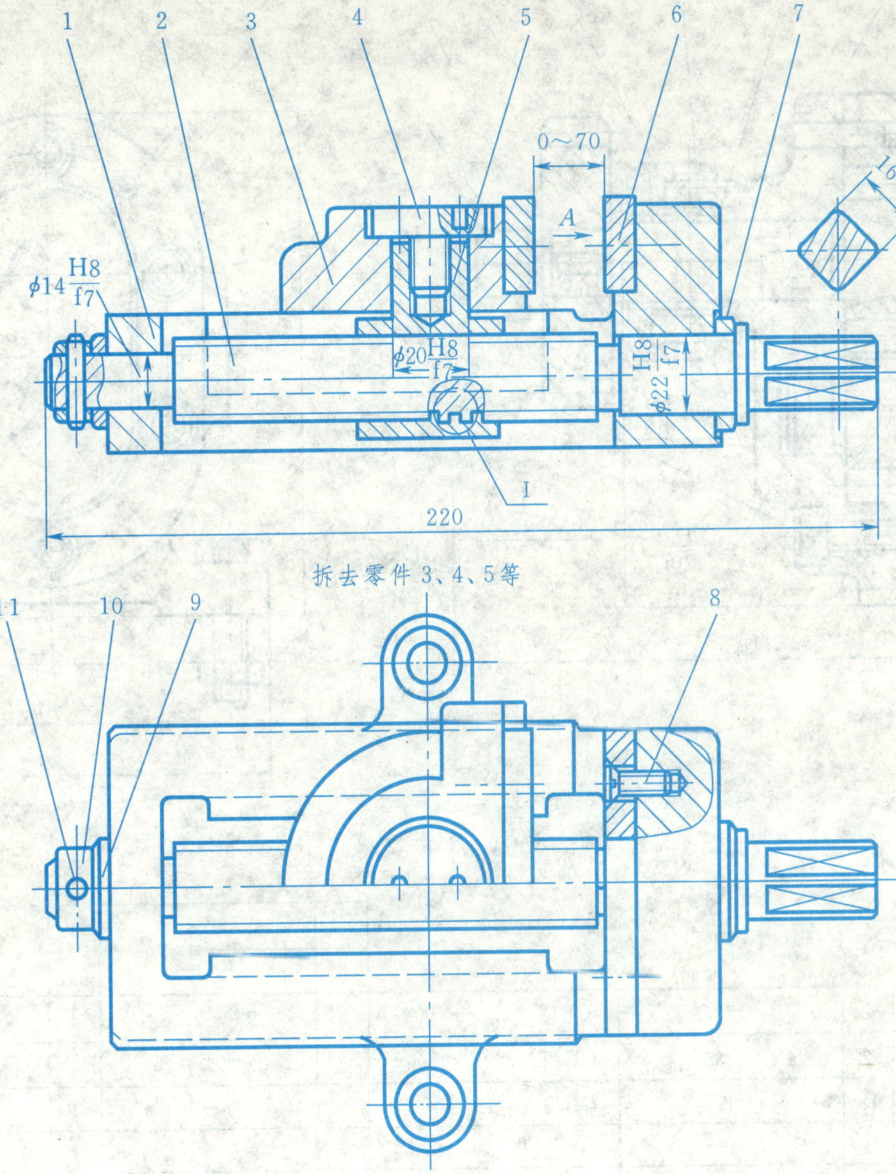

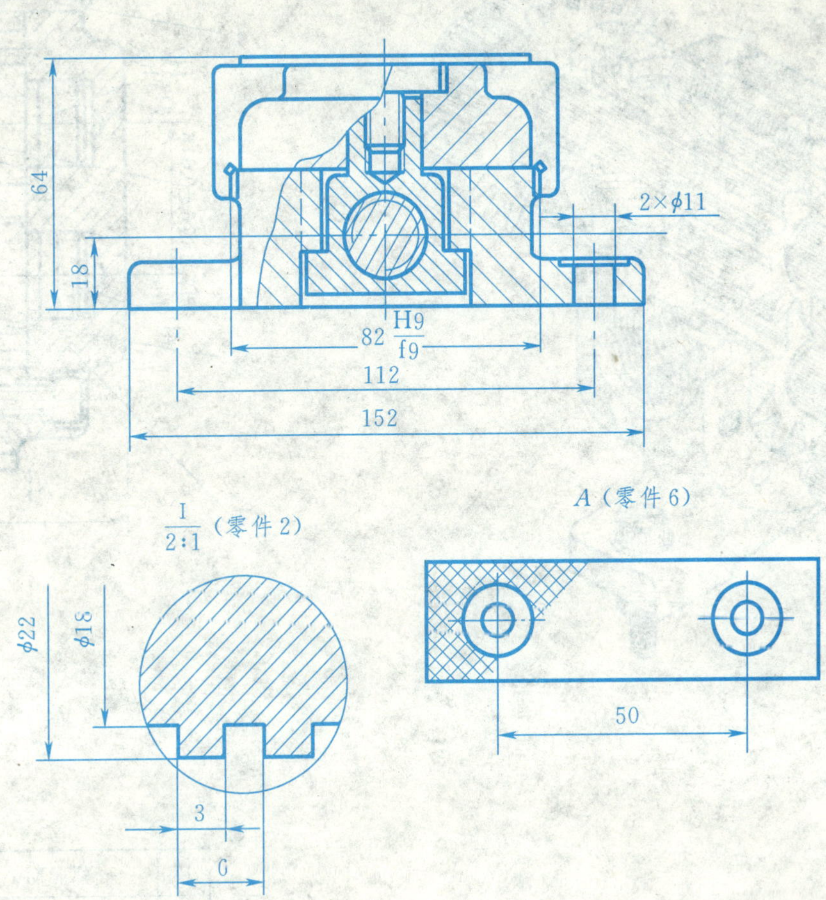

序号	代号	名称	数量	材料	备注
11		销 4×22	1	35	GB/T 119.1
10	181009	环	1	35	
9	181008	垫圈	1	Q235	
8		螺钉 M6×16	4	Q235	GB/T 68
7	181007	垫圈	1	Q235	
6	181006	钳口板	2	45	
5	181005	螺母	1	HT150	
4	181004	螺钉	1	45	
3	181003	活动钳体	1	HT150	
2	181002	螺杆	1	45	
1	181001	固定钳体	1	HT150	

批准		平口钳	图号 181000	件数
描图			材料 重量	比例 1:1.5
审图			共 张	第 张
制图		机器名称	（厂名）	
设计				

9.2 读装配图并拆画零件图

班级		姓名		学号	

(5) 齿轮油泵。

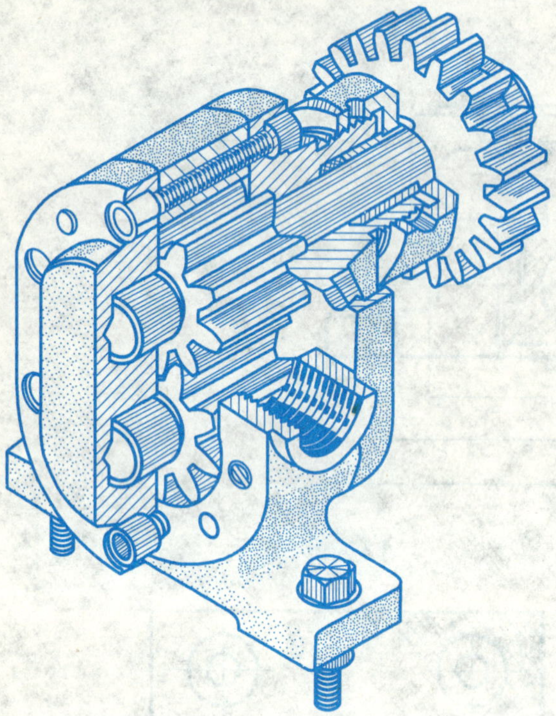

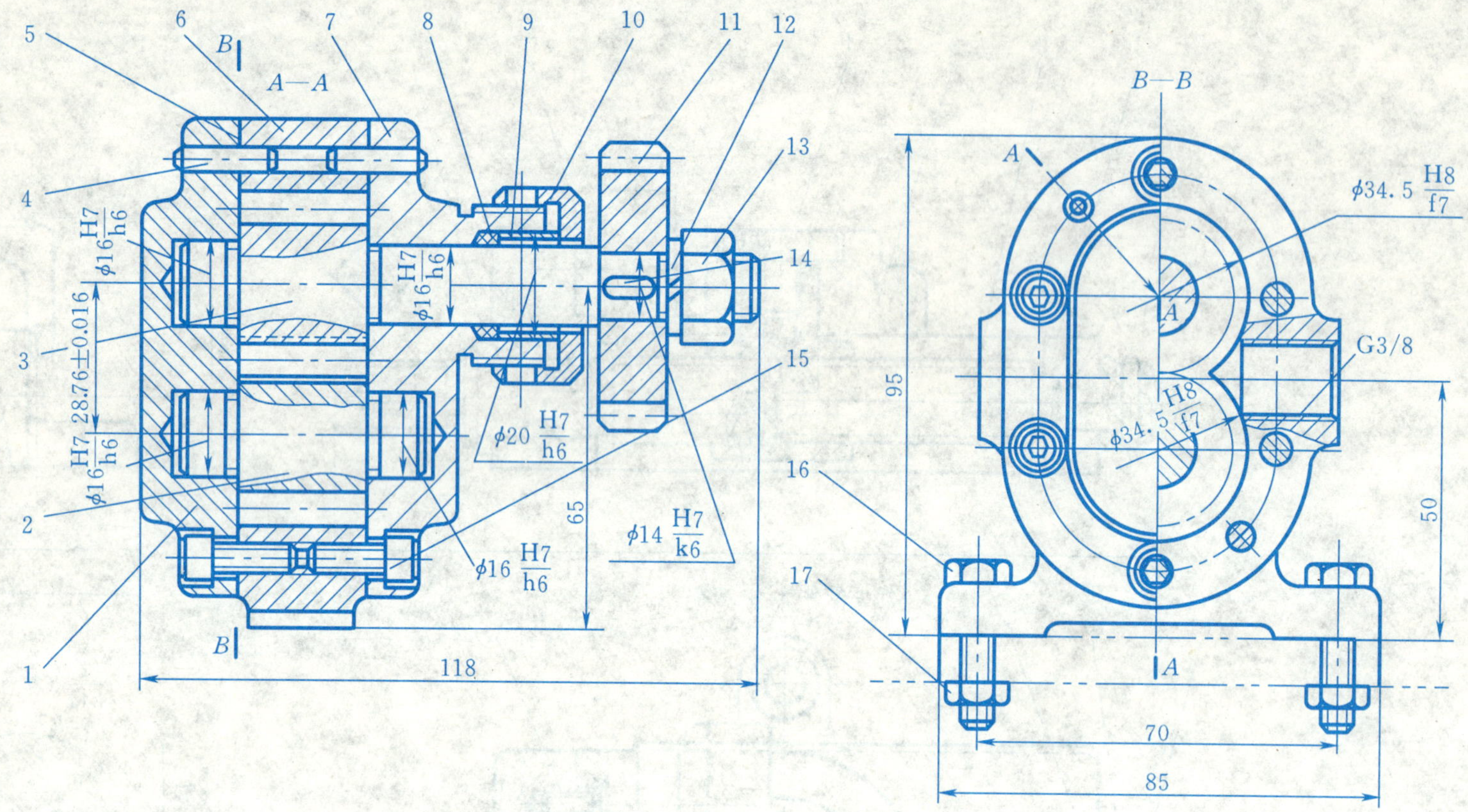

技术要求

1. 齿轮安装后,用手转动传动齿轮时,应灵活旋转。
2. 两齿轮轮齿的啮合面占齿长的 3/4 以上。

序号	名称	数量	材料	备注
17	螺母M6	2	Q235	GB/T 6170—2000
16	螺栓 M6×30	2	Q235	GB/T 5782—2000
15	螺钉 M6×16	12	35	GB/T 70.1—2000
14	键 5×10	1	45	GB/T 1096—1979
13	螺母 M12×1.5	1	35	GB/T 6171—2000
12	垫圈12	1	65Mn	GB/T 859—1987
11	传动齿轮	1	45	$m=2.5$、$Z=20$
10	压紧螺母	1	35	
9	轴套	1	ZCu Sn 5Pb Zn5	
8	密封圈	1	橡胶	
7	右端盖	1	HT200	
6	泵体	1	HT200	
5	垫片	2	纸	$\delta=1$
4	销A5×18	4	45	GB/T 119.1—2000
3	传动齿轮轴	1	45	$m=3$、$Z=9$
2	齿轮轴	1	45	$m=3$、$Z=9$
1	左端盖	1	HT200	

齿轮油泵		比例	1:1	共 张	03
		质量		第1张	
制图					
设计					
审核					

班级		姓名		学号	

(6) 旋转式颗粒机。

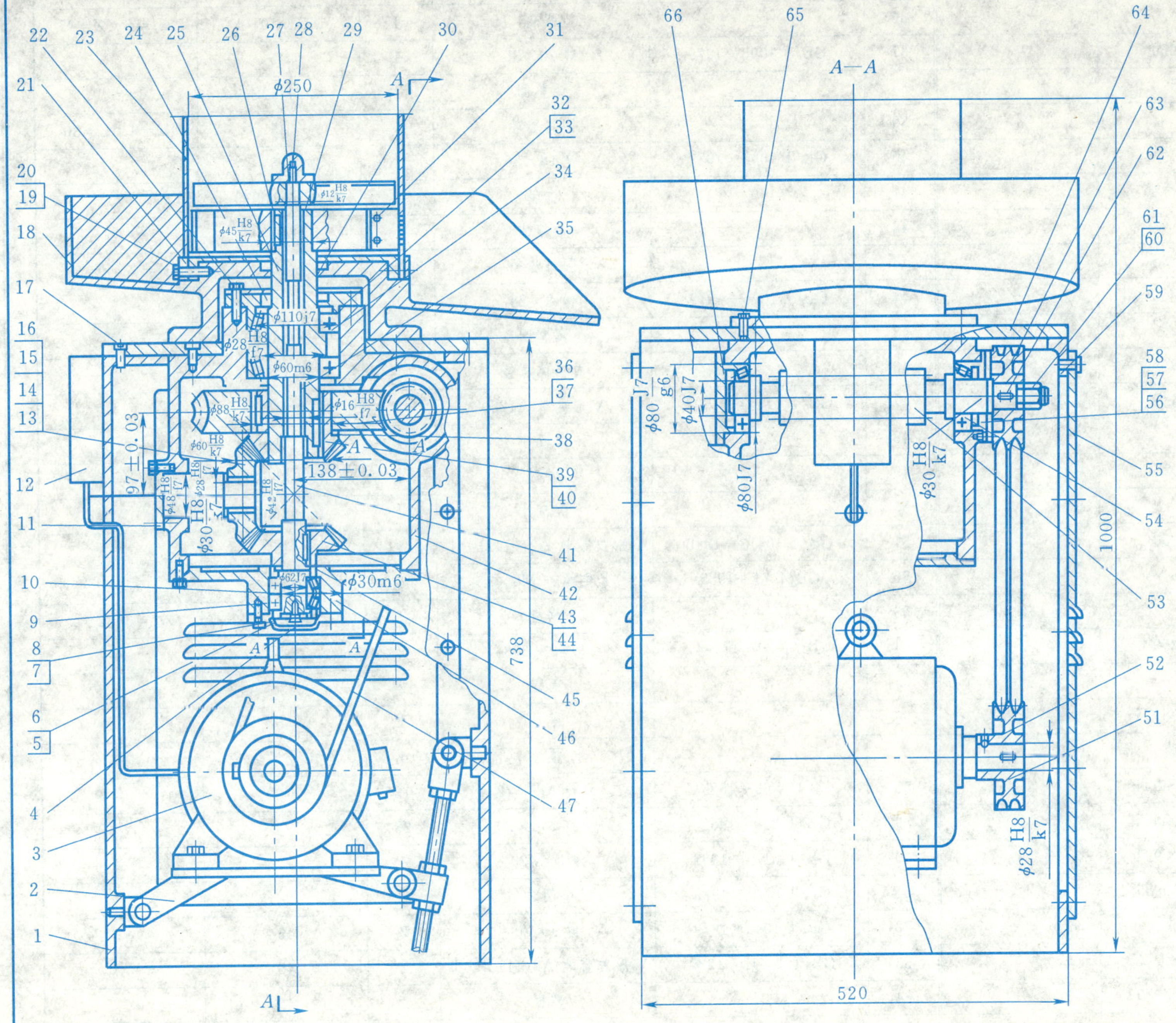

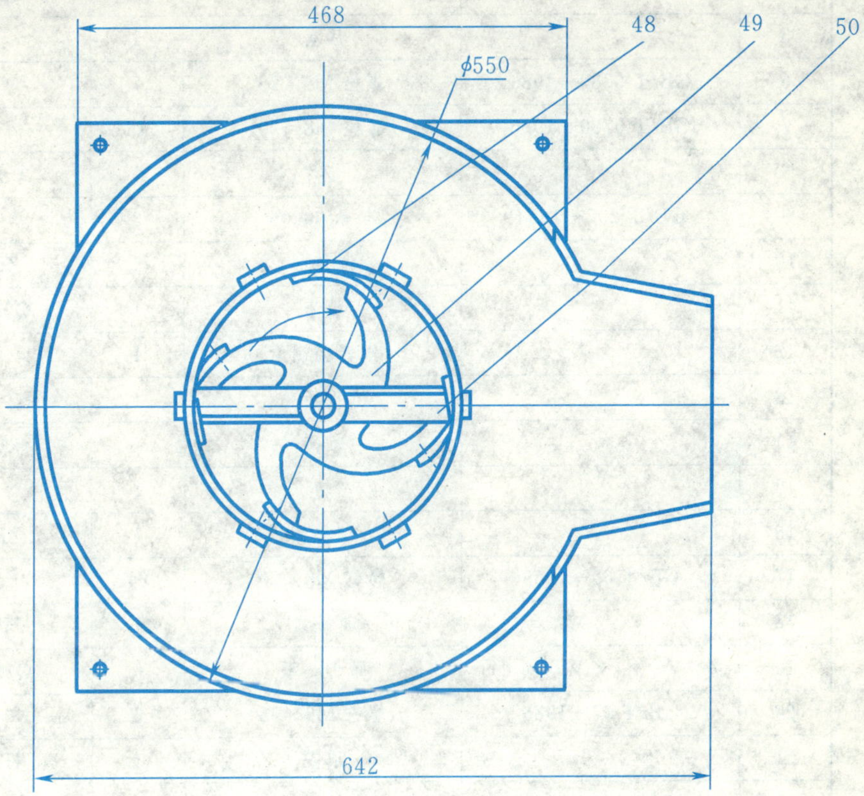

技术要求

1. 安装碾刀前用手转动皮带轮无卡死现象。
2. 碾刀必须顺时针转动。
3. 机器运转应平稳。

旋转式颗粒机	比例	1:1	共 张
	质量		第 张
制图			
设计			
审核			

9.2 读装配图并拆画零件图

班级		姓名		学号	

序号	代号	名称	数量	材料	备注	序号	代号	名称	数量	材料	备注
1		箱体	1	HT250		34	GB/T 297—1994	轴承 30212	2		
2		托架	1			35		轴套	1	ZH62S	
3		电机 B3-112M	1			36		蜗轮	1	ZQSn10-1	$m_x=6$ $Z=37$
4		端盖	1	HT250		37	GB/T 1096—1979	键 20×36	1	45	
5		压盖	1	45		38		调整圈	1	ZH62S	
6	GB/T 5780—1986	螺栓 M6×15	7			39		圆锥齿轮	1	45	$m=4$ $Z=30$
7	GB/T 5780—1986	螺栓 M8×20	12			40	GB/T 1096—1979	键 18×56	1	45	
8		垫片	1	工业用纸		41		主轴	1	1Cr18Ni9Ti	
9	GB/T 297—1994	轴承 30206	2			42		内箱体	1	HT250	
10		调整圈	1	ZH62S		43		圆锥齿轮	1	45	$m=4$ $Z=30$
11		端盖	1	Q235-A		44	GB/T 1096—1979	键 8×28	1	45	
12		电器控制盒	1		订做	45		调整圈	1	ZH62S	
13		圆锥齿轮	1	45	$m=4$ $Z=30$	46		内箱体底盖	1	HT250	
14		轴套	1	ZH62S		47	GB/T 11544—1997	V形皮带 A1250	2		
15		轴	1	45		48		碾刀片	4	1Cr18Ni9Ti	
16		调整圈	1	ZH62S		49		碾刀	1	1Cr18Ni9Ti	
17	GB/T 65—1985	螺钉 M8×20	24			50		压料叶	1	1Cr18Ni9Ti	
18		斜托盘	1	HT250		51	GB/T 10412—1989	V形皮带轮 A2×112P-Ⅰ	1	45	
19		弧形垫板	6	Q235-A		52	GB/T 71—1985	紧定螺钉 M6×12	2		
20	GB/T 67—1985	螺钉 M6×35	6			53		蜗杆	1	45	$m_x=6$ $Z=2$
21		顶盖	1	HT250		54	GB/T 297—1994	轴承 30208	2		
22	GB/T 5780—1986	螺栓 M8×35	6			55		面板	2	Q235-A	
23		筛筒 250	1	1Cr18Ni9Ti	药典 2 号	56		压盖	1	45	
24		密封圈	1	橡胶		57		垫片	1	工业用纸	
25		主轴套	1	1Cr18Ni9Ti		58	GB/T 65—1985	螺钉 M5×12	12		
26	GB/T 1096—1979	键 14×36	1	1Cr18Ni9Ti		59	GB/T 818—1985	螺钉 M6×20	28		
27	GB/T 1096—1979	键 4×18	1	1Cr18Ni9Ti		60	GB/T 6170—1986	螺母 M20	1		
28		轴端螺母	1	0Cr18Ni9Ti		61	GB/T 97.1—1985	垫圈 20	1		
29		密封圈	1	橡胶		62	GB/T 1096—1979	键 8×20	2	45	
30		防尘圈	1	聚氨酯Ⅱ-3		63	GB/T 10412—1989	V形皮带轮 A2×112P-Ⅲ	1	45	
31	GB/T 818—1985	螺钉 M5×15	8	0Cr18Ni9Ti		64		顶板	1	45	
32		压盖	1	45		65	GB/T 5780—1986	螺栓 M8×25	6		
33		平盖	1	Q235-A		66		压盖	1	45	

标注图中焊缝符号	班级		姓名		学号	

(1)

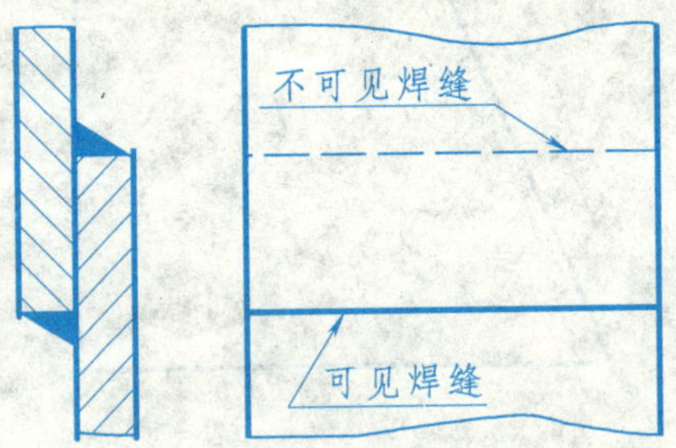

(2)

(3)

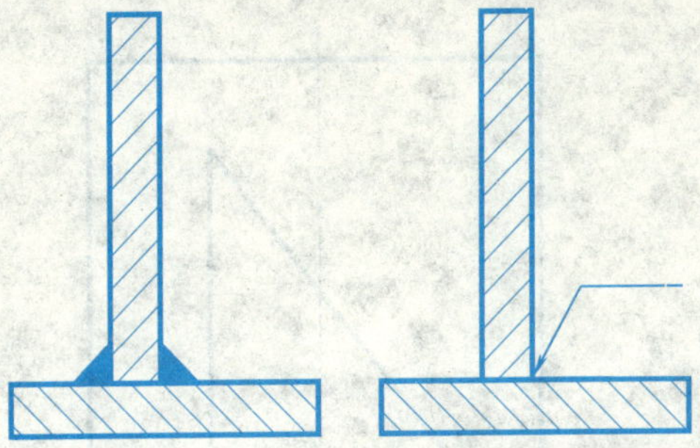

(4)

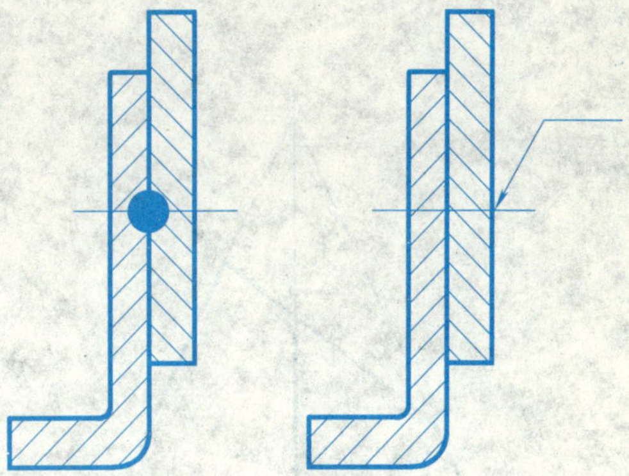

(5)

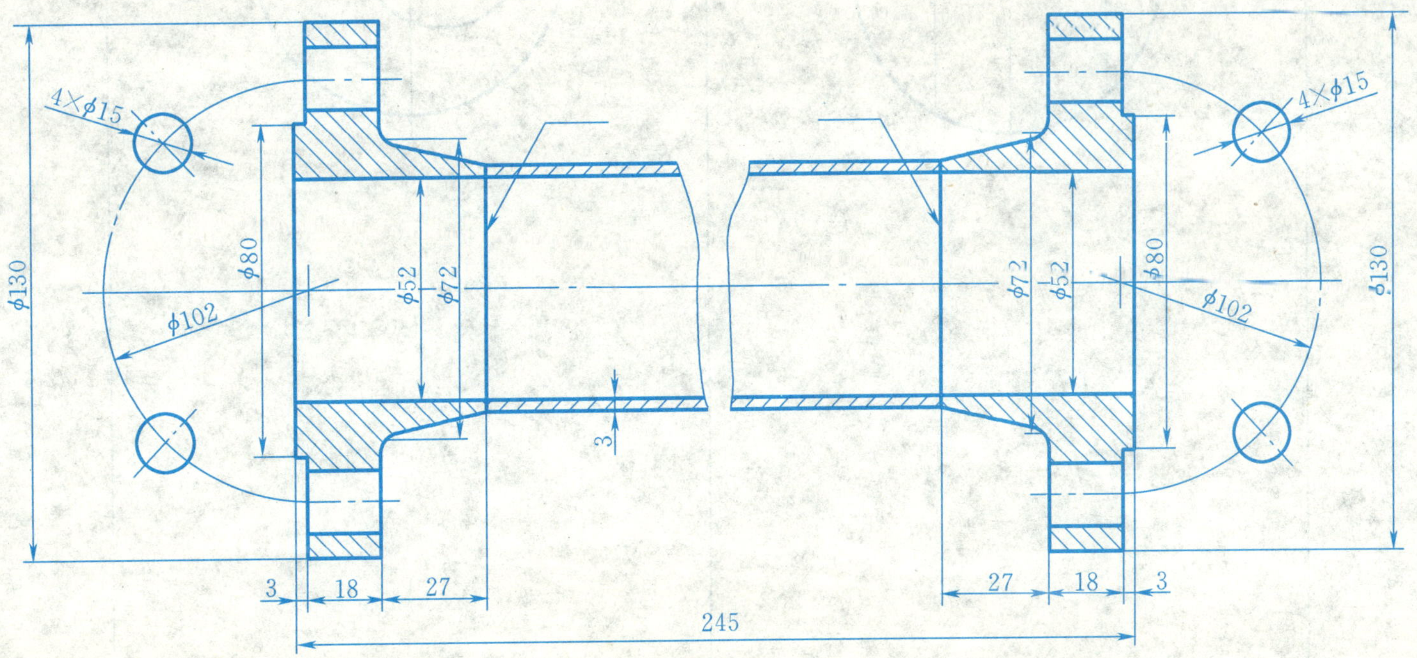

第11章 展 开 图

画出下列各图的展开图	班级		姓名		学号	

(1) 画出截头圆锥的展开图。

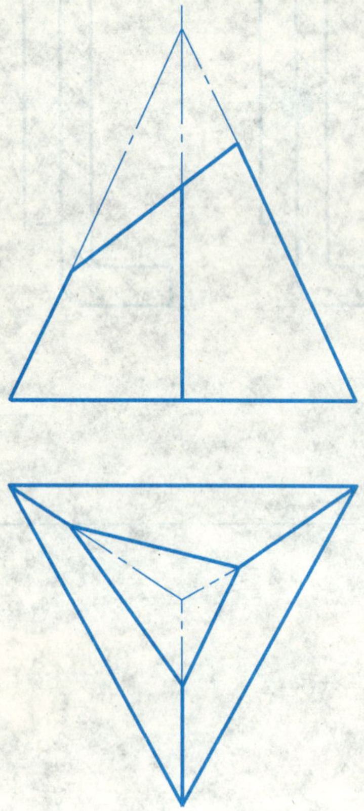

(2) 画出穿孔圆柱表面的展开图。

(3) 画出截头圆锥表面的展开图。

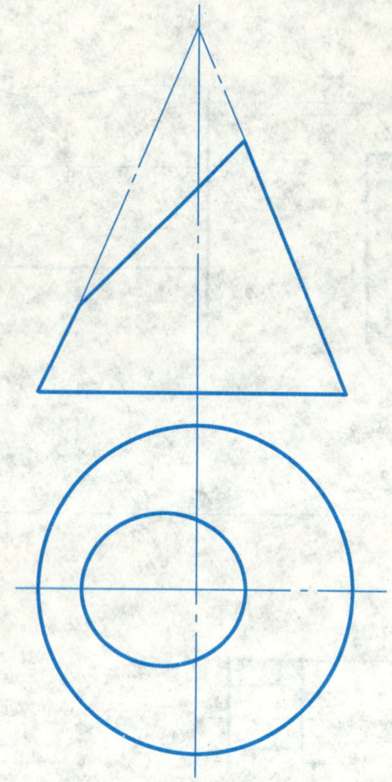

(4) 画出方—圆变形接头表面的展开图。

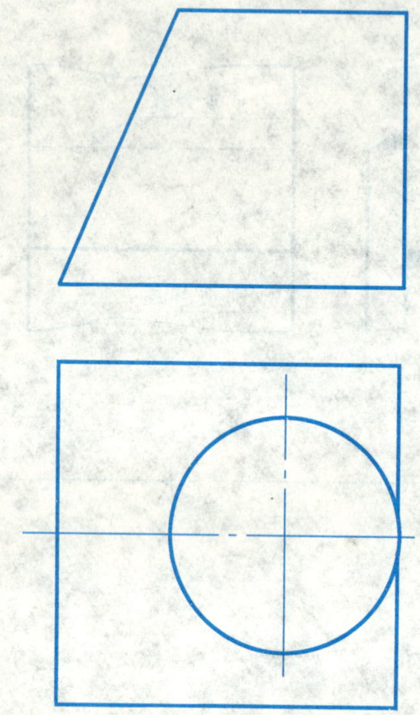

画出下列各图的展开图

班级		姓名		学号	

*(5) 已知圆球的三视图，求其展开图。

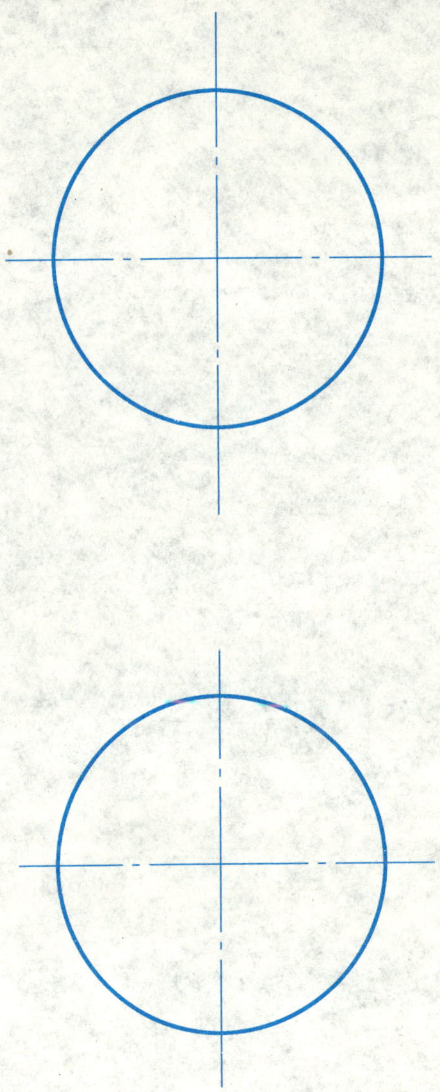

(6) 已知如图形体的三视图，做其展开图。

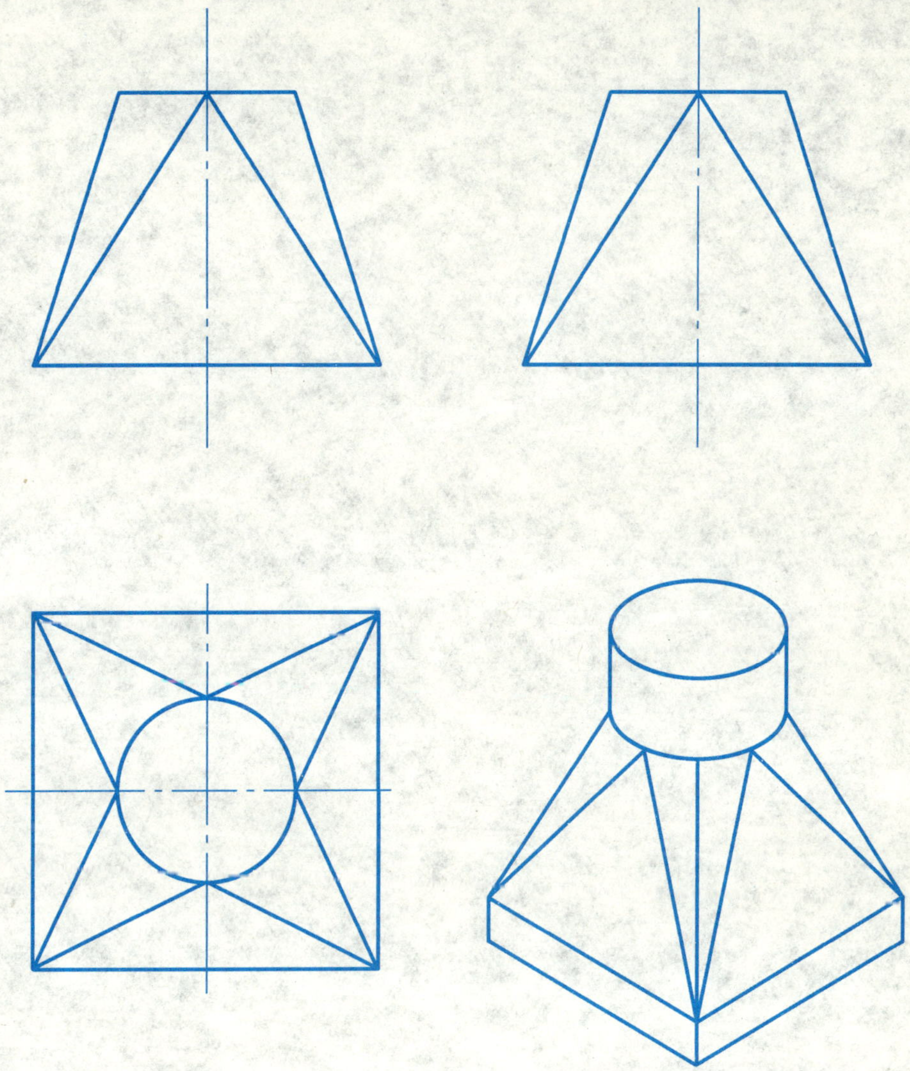